防盗保险柜(箱)(GB 10409-2019)
标准宣贯培训教程

全国安全防范报警系统标准化技术委员会
实体防护设备分技术委员会　编

群众出版社
·北 京·

图书在版编目（CIP）数据

防盗保险柜（箱）（GB 10409—2019）标准宣贯培训教程／全国安全防范报警系统标准化技术委员会实体防护设备分技术委员会编. —北京：群众出版社，2020.8
ISBN 978-7-5014-6132-5

Ⅰ.①防… Ⅱ.①全… Ⅲ.①保险柜—国家标准—中国—教材
Ⅳ.①TS914.26-65

中国版本图书馆 CIP 数据核字（2020）第 139042 号

防盗保险柜（箱）（GB 10409-2019）
标准宣贯培训教程

全国安全防范报警系统标准化技术委员会
实体防护设备分技术委员会　编

出版发行：群众出版社
地　　址：北京市丰台区方庄芳星园三区 15 号楼
邮政编码：100078
经　　销：新华书店
印　　刷：天津盛辉印刷有限公司

版　　次：2020 年 12 月第 1 版
印　　次：2020 年 12 月第 1 次
印　　张：10
开　　本：787 毫米×1092 毫米　1/16
字　　数：174 千字

书　　号：ISBN 978-7-5014-6132-5
定　　价：62.00 元

网　　址：www.qzcbs.com
电子邮箱：qzcbs@sohu.com

营销中心电话：010-83903991
读者服务部电话（门市）：010-83903257
警官读者俱乐部电话（网购、邮购）：010-83901775
综合分社电话：010-83901870

编写人员

李　剑　龚　璐　杭强伟　李海鹏

邱日祥　鲍世隆　吴其良　闵　浩

黄伟明　徐真轶　曹　君　徐志伟

曹忠伟　王渊峰　张志江

国家标准化管理委员会关于批准此标准的批复

2019 年第 4 号

关于批准发布《机动车昼间行驶灯配光性能》
等 21 项国家标准的公告

国家市场监督管理总局（国家标准化管理委员会）批准《机动车昼间行驶灯配光性能》等 21 项国家标准，现予以公布。

国家市场监督管理总局   国家标准化管理委员会

2019 年 4 月 4 日

序号	国家标准编号	国家标准名称	代替标准号	实施日期
2	GB 10409-2019	防盗保险柜（箱）	GB 10409-2001	2020-05-01

标准信息

标准号	GB 10409-2019		
计划号	20140175-Q-312		
中文名称	防盗保险柜（箱）		
英文名称	Burglary-resistant safes		
制修订	修订	被修订标准号	全部代替：GB 10409-2001
标准性质	强制性国家标准	标准类别	产品
ICS	13.310	CCS	L91
采标类型	无	采标号	
采用程度		采标中文名称	
是否采用快速程序	否	快速程序代码	
发布日期	2019-04-04	实施日期	2020-05-01
技术委员会/归口单位	全国安全防范报警系统标准化技术委员会（TC100）	副归口单位	无
主管部门	公安部（312）		
执行单位	全国安全防范报警系统标准化技术委员会实体防护设备分技术委员会（SAC/TC100/SC1）		
起草单位	上海迪堡安防设备有限公司、国家安全防范报警系统产品质量监督检验中心（上海）、公安部第三研究所、国家安全防范报警系统产品质量监督检验中心（北京）、宁波永发智能安防科技有限公司、南京东屋电气有限公司、上海杰宝大王企业发展有限公司、宁波市镇海神舟锁业有限公司、上海堡垒实业有限公司、宁波双九箱柜有限公司、宁波艾谱实业有限公司、广州广电运通金融电子股份有限公司、深圳怡化电脑股份有限公司、浙江广纳工贸有限公司		
主要起草人	徐志伟、李剑、卢蠡法、邱日祥、鲍世隆、鲍逸明、曹忠伟、闵浩、徐尧、吴其良、徐真轶、黄伟明、曹君、魏东、杨捷、唐江涛		
标准组织审查单位	全国安全防范报警系统标准化技术委员会实体防护设备分技术委员会（SAC/TC100/SC1）		
联系人	李剑		
联系电话	021-64336810-1735		
联系人 Email	tc100sc1@163.com		

目　录

第一部分　编制说明

第二部分　条文说明

— 1 —

第一部分

编制说明

一、任务来源

《防盗保险柜》（GB 10409-2001）、《防盗保险箱》（GA 166-2005）发布施行已十多年，根据标准编制原则，一般在标准施行 5 年后进行审查或修订。早在 2005 年年初 GA 166 标准修订时，全国安全防范报警系统标准化技术委员会实体防护设备分技术委员会（SAC/TC100/SC1）秘书处在调研、听取业内相关知名企业及行业主管部门意见时就提出拟在合适时对、将上述两个标准合并修订，为此在 2012 年 SAC/TC100/SC1 提出了修订立项申请。2014 年，经国家标准化管理委员会批准，以计划编号〔20140175-Q-312〕下达 2014 年第一批国家标准计划项目《防盗保险柜（箱）》的国家强制性标准修订任务。

二、修订的必要性及目的

1. 修订的必要性

十余年前，在修订《防盗保险柜》（GB 10409-2001）标准时，中国防盗保险柜（箱）的制造水平与国际公认的标准要求差距甚大。经过十余年的努力，我国已成为防盗保险柜（箱）的研制、生产大国和强国。在技术水平上有很大提高，许多技术接近或超过了世界先进水平。另外，随着科技及经济的快速发展，原有标准的某些条款已不适应国内外实际发展情况，有的条款在规定时不够合理、具体，这些问题也都需要在修订时尽可能加以明确和具体规范，而且国外类似相关产品的先进标准，如在箱体方面的《防盗保险箱》（UL 687）、《安全存储装置——防盗保险柜的要求、分类和测试方法》（EN 1143）、《保险箱、ATM 保险箱、金库墙和金库门》（Vds），防盗保险柜锁具方面的《高安全性的电子锁》（UL 2058）和《安全存储装置——防止未授权开启的高安全锁具的分类》（EN 1300）等近年也都有修订版本。因此，为适应国内防盗保险柜（箱）和防盗保险柜锁具安全技术的发展并与国际标准接轨，在本次标准修订时参考了 UL 687 等国际标准中的有关条款，使我国防盗保险柜（箱）的技术水平达到或超过国际水平。

2. 修订的目的

本标准的修订对于提高我国防盗保险柜（箱）的技术含量，跟紧世界潮流，参与国际竞争，有其重要的现实意义和深远的历史意义。

三、修订的原则

随着我国防盗保险柜（箱）市场的成熟及国际交流的不断增多，急需提高我国标准的适用性及防盗保险柜（箱）的行业水平，本次标准的修订是在合并 GB 10409-2001 和 GA 166-2006 的基础上，参考采用美国 UL 687：2011、UL SUB 058：2008、欧洲 EN 1300：2013 等相关标准，并将自动柜员机（ATM）防盗保险柜、组装式防盗保险柜、投入式防盗保险柜纳入本标准中，扩大了标准的适用范围。同时，标准将防盗保险柜（箱）安全级别进行扩展和提升，将防盗时间明确在产品的标记中，有助于消费者根据需求合理地选择产品；本标准还修改了攻击破坏使用的工具，以提升产品检测的规范性；为确保产品的安全性，本标准也提高了对锁具安全性能的要求，标准中明确规定防盗保险柜（箱）应使用符合本标准的锁具，以保证防盗保险柜（箱）的整体安全性。本次标准中锁具部分的修订是在合并 GB 10409-2001 和 GA 166-2006 的基础上，参考采用美国及欧洲 EN 1300：2013 等相关标准；同时本标准 3.6 定义了防盗保险柜锁必须具备锁定装置且为独立启闭的锁具，也即该类锁具是完整独立的锁具产品，可以进行独立认证检测。

在本标准中，锁具部分与原有标准最大的不同点在于锁具标准与国际上普遍采用的高安全锁具标准一致，防盗保险柜锁具可以独立检测认证，防盗保险柜配备和更换符合本标准的锁具时不需要再次对锁具部分进行检测，做到了防盗保险柜锁与柜体的检测认证相对独立，从而方便厂家或销售企业在保险柜上根据客户的需求适配不同的锁具。

四、修订的主要内容

（1）标准名称确定为：《防盗保险柜（箱）》。

（2）本标准为强制性国家标准。

（3）本次标准修订的主要技术内容。

a. 扩大了标准适用范围。除了防盗保险柜（箱）之外，本标准还增加了自动柜员机防盗保险柜、组装式防盗保险柜、投入式防盗保险柜，在满足通用技术要求的基础上增加其相应附加技术要求、试验方法和检验规则等内容。

b. 重新定义和升级了破坏工具。借鉴 UL 687 标准，将破坏工具分为：普通手工工具、便携式电动工具、磨头、专用便携式电动工具、割炬、爆作物，并规定了各工具的具体性能参数。这里的破坏工具无论是工具的种类还是性能较被代替的标准都有较大提升，本标准的修订不仅规范了产品检测，而且提高了防盗保险柜（箱）的防盗性能。

c. 修改了产品的标记。为了便于消费者根据需求选择产品，本次修订中在产品的安全等级和标记中增加了抗破坏时间，并增加了一个统一规范的防盗保险柜产品安全级别标识牌。

d. 重新定义锁具。提出并定义了防盗保险柜锁的概念，包括防盗保险柜电子锁和防盗保险柜机械锁，并要求所有防盗保险柜均要配备。在公安行业标准 GA/T 73、GA 374 和国际标准 UL 2058：2008、EN 1300：2013 的基础上，充分吸纳近年来针对防盗保险柜（箱）锁具的安全风险和事件经验，提出了全新的技术要求和试验方法，例如须具备锁定装置且为独立启闭的锁具，规定安装固定尺寸便于实现互换以降低生产及售后维护成本，增加了高压攻击和锁具 6 面 50G 冲击实验，增加了抗扫频振动攻击要求和抗强电磁场技术开启，增加了防替换攻击和动态密码开启方式要求，规定生物识别和网络远程技术开启锁具的要求。

五、标准的修订起草过程

修订任务下达后，全国安全防范报警系统标准化技术委员会实体防护设备分技术委员会（SAC/TC100/SC1）秘书处组织相关单位成立起草组，并根据标准修订过程中涉及的技术内容逐步扩大起草单位范围，同时也邀请了相关单位参加研讨，并通过会议座谈、网站公示等方式广泛征集制造企业、使用单位、政府主管部门等的意见和建议，共组织编制、研讨、评审会议 15 次，各次会议的简要情况如下：

1. 第一次编制工作会议

2014 年 9 月 17 日，全国安全防范报警系统标准化技术委员会实体防护设备分技术委员会（SAC/TC100/SC1）在上海组织召开国家标准《防盗保险柜（箱）》第一次编制工作会议。经讨论提出以下主要内容和意见：

（1）将国家标准《防盗保险柜》（GB 10409-2001）和公安行业标准《防盗保险箱》（GA 166-1997）合并作为本次修订的主要内容。

（2）研究本标准名称，并要求起草单位进行技术论证。

（3）标准性质为强制性国家标准。

（4）对标准的草案提出了一些具体修改意见。

2. 第二次编制工作会议

2014 年 11 月 27 日，全国安全防范报警系统标准化技术委员会实体防护设备分技术委员会（SAC/TC100/SC1）在上海组织召开国家标准《防盗保险柜（箱）》第二次编制工作会议，讨论如下主要内容并提出意见：

（1）初步确定主要起草单位，并成立编制组。

（2）确定编制组的内部工作机制，原则上每月进行一次交流和报告。

（3）会议对标准草案进行了逐章、逐条、逐句讨论，提出修改意见，主要如下：

——标准名称建议采用《防盗保险柜（箱）》。

——本次修订采用 UL 687、VDS 2450en、EN 1143 等国际标准，使修订后的标准具有国际先进性。

——标准中规定防盗保险柜必须使用高安全锁具，与国际接轨。在标准中重新编写高安全锁具的技术要求、试验方法、检验规则等相应内容；并吸收几家能生产高安全锁具的厂商参加标准的修订工作，单独举行会议研究标准中如何规定高安全锁具的技术要求等。

——增加 90 分钟高安全级别的防盗保险柜，使标准与国际接轨，并使标准具有一定的前瞻性。

——对标准中的其他一些条款也提出了修改意见。

会后由主要起草单位按会议要求修改形成《防盗保险柜（箱）（草案）》，交全国安全防范报警系统标准化技术委员会实体防护设备分技术委员会（SAC/TC100/SC1）秘书处及编制组全体成员审核。

3. 第三次编制工作会议

2015 年 2 月 6 日，全国安全防范报警系统标准化技术委员会实体防护设备分技术委员会（SAC/TC100/SC1）在上海组织召开国家标准《防盗保险柜（箱）》第三次编制工作会议，出席会议的除原起草单位外，还包括相关锁具生产单位技术人员。会议对标准草案进行了逐章、逐条、逐句讨论，提出修改意见，主要如下：

（1）暂定标准名称为《防盗保险柜（箱）》。

（2）高安全锁具定义需要进一步修改，初步确定标准中涉及的锁具要求包括以下内容，并请锁具生产厂商提出锁具的具体要求：5.3 "高安全性锁具"；5.3.1 "通用要求"（包括分类要求）；5.3.2 "机械锁要求"；5.3.3 "电子锁要求"。

（3）对 "ATM 柜体" 的要求由相关单位提出初稿，并加入相关章节中。

（4）对标准中的其他一些条款也提出了修改意见。

4. 第四次编制工作会议

2015 年 4 月 13 日，全国安全防范报警系统标准化技术委员会实体防护设备分技术委员会（SAC/TC100/SC1）在上海组织召开国家标准《防盗保险柜（箱）》第四次编制工作会议，会议增加部分起草单位。会议中各起草单位对标准重点章节和有争议的内容进行了深入讨论，形成统一认识。主要修改意见如下：

（1）为便于了解标准的框架结构和查找相关章节，在标准中增加"目录"。

（2）对是否减少保险柜级别及是否取消 M05（5 分钟）级别有两种不同意见，在广泛听取各方意见后再确定。

（3）要求各级别的防盗保险柜均要使用高安全锁具。

（4）高安全锁具定义、技术要求、附录需要修改完善。

（5）ATM 专用保险柜、投入式保险柜等内容要修改完善。

（6）增加智能防盗保险柜有关内容。

（7）对标准中的其他一些条款也提出了修改意见。

会后由各分工单位尽快完成修改内容（高安全防盗锁具、ATM 保险柜），由主要起草单位汇总后按会议要求形成《防盗保险柜（箱）（征求意见稿初稿）》，交全国安全防范报警系统标准化技术委员会实体防护设备分技术委员会（SAC/TC100/SC1）秘书处及编制组全体成员审核，形成《防盗保险柜（箱）（征求意见稿 V1.0）》。

5. 第五次编制工作会议

2015 年 9 月 24 日至 25 日，全国安全防范报警系统标准化技术委员会实体防护设备分技术委员会（SAC/TC100/SC1）在上海组织召开国家标准《防盗保险柜（箱）》第五次编制工作会议，对标准进行逐条逐句的研究修改，形成统一认识，并提出了修改意见，主要包括：

（1）保留并继续完善附录 A。

（2）将附录 B、附录 C 的内容修改后纳入正文相关章节。

（3）删除附录 D。

会后各相关单位按分工对标准中相关章节内容进行补充，由主要起草单位汇总后按会议要求形成《防盗保险柜（箱）（征求意见稿 V2.0）》，交全国安全防范报警系统标准化技术委员会实体防护设备分技术委员会（SAC/TC100/SC1）秘书处及编制组全体成员审核。

6. 第六次编制工作会议

根据 2016 年年初确定的 2016 年标准进度计划安排，2016 年 3 月 1 日，全国安全防范报警系统标准化技术委员会实体防护设备分技术委员会

（SAC/TC100/SC1）在上海组织召开国家标准《防盗保险柜（箱）》第六次编制工作会议，出席会议的除原有单位外，增加了部分起草单位。本次会议将参会人员分成三个组：柜体组、锁具组、总体组。各组根据分工，对标准中的相关章节认真修改完善，包括技术要求、试验方法、检验规则等所有内容。经认真讨论，各组对负责的相关章节都提出了具体修改意见。在此基础上，又召开全体会议对《防盗保险柜（箱）（征求意见稿V2.0）》进行了逐章、逐条、逐句的讨论修改，形成了《防盗保险柜（箱）（征求意见稿V3.0）》，本次会议讨论确定的内容如下：

（1）由部分专家对标准征求意见稿 V3.0 再进行深入、细化的修改完善。

（2）对标准的格式、内容等按 GB/T 1.1-2009 等标准要求进行规范。

（3）各相关单位按会议上确定的分工对标准中相关章节尽快提出修改意见。

（4）计划 2016 年 3 月底前在宁波召开第一次征求意见稿会议，本次会议以制造企业为主，会议组织工作由宁波大榭开发区保险箱（柜）协会协助承办，并在全国安全防范报警系统标准化技术委员会（SAC/TC100）网站公开征集意见。

会后，由全国安全防范报警系统标准化技术委员会实体防护设备分技术委员会（SAC/TC100/SC1）秘书处根据大家意见对标准进行合稿完善，发编制组成员提出修改意见，形成《防盗保险柜（箱）（征求意见稿V4.0）》。

7. 第一次征求意见暨第七次编制工作会议

根据 2016 年年初确定的 2016 年标准进度计划安排，2016 年 3 月 31 日，全国安全防范报警系统标准化技术委员会实体防护设备分技术委员会（SAC/TC100/SC1）在宁波北仑大榭开发区召开国家标准《防盗保险柜（箱）》第一次征求意见会议。出席会议的有大榭管委会、党工委领导，SAC/TC100/SC1 秘书处，编制组全体成员及全国近 20 个城市的 49 家著名研发保险柜、ATM 保险柜、锁具等单位的 90 余名代表及专家参加了会议。本次会议由 SAC/TC100/SC1 主办，大榭开发区保险箱（柜）协会承办。

大会由 SAC/TC100/SC1 秘书长李剑主持并向代表们介绍了修订编制国家标准《防盗保险柜（箱）》的目的、意义、经过和思路，由主要起草单位详细讲解了标准的整体结构、章节组成、主要特点、修改的主要内容等。《防盗保险柜（箱）（征求意见稿V4.0）》全体代表对征求意见稿提出了宝贵意见，主要修改建议如下：

（1）对标准中提出的保险柜使用的钢板厚度问题，由编制组进一步听取各方意见后再研究确定。

（2）对于 ATM 保险柜的开口问题再作进一步调研后确定。

（3）指纹锁、密码锁的有关问题也应进行讨论研究。

（4）保险柜的分类、分级，对于是否增加 A10×1 的级别需要再听取各方意见，由编制组讨论研究。

（5）关于保险柜容积率是否要在标准中规定的问题，也由编制组讨论确定。

会后对征求意见稿进行修改完善，形成《防盗保险柜（箱）（征求意见稿 V5.0）》。

8. 第八次编制工作会议

2016 年 5 月 12 日，全国安全防范报警系统标准化技术委员会实体防护设备分技术委员会（SAC/TC100/SC1）在上海组织召开第八次编制工作会议。出席会议的除原有编制组成员外，还增加了 ATM 研发单位。会议对修改形成的《防盗保险柜（箱）（征求意见稿 V5.0）》进行全文讨论，并对重点章节和有争议的问题深入讨论，提出了修改意见：

（1）继续按照 GB/T-2009 1.1 等标准要求进行编辑性修改。

（2）增加必要的术语，如"安全级别"；对个别术语进行修改，如："高安全防盗锁"等改为"高安全锁""高安全机械锁""高安全电子锁"。

（3）文稿中的"ATM"一律改为"自动柜员机"。

（4）对"5.3.2.6 强扭扭矩大小""5.3.3.1.1 电磁冲击试验内容"等条款需提供相应的补充材料。

会后再邀请部分专家对高安全锁具的有关条款进一步讨论和修改完善，本次修改后形成征求意见稿正式稿，适时召开征求意见稿专家评审会。

9. 锁具第一次专题会议暨第九次编制工作会议

2016 年 6 月 4 日，全国安全防范报警系统标准化技术委员会实体防护设备分技术委员会（SAC/TC100/SC1）在上海组织召开的《防盗保险柜（箱）》锁具第一次专题会议暨第九次编制工作会议，SAC/TC100/SC1 秘书处及部分编制组成员参加。会议对高安全锁具（高安全机械锁、高安全电子锁）的技术要求、试验方法和检验规则等内容进行了逐条讨论，对标准进行了再次修改，形成征求意见稿正式稿呈专家评审。

10. 征求意见稿专家审查会（第二次征求意见）暨第十次编制工作会议

2016 年 6 月 17 日，全国安全防范报警系统标准化技术委员会实体防护设备分技术委员会（SAC/TC100/SC1）在上海组织召开国家标准《防盗保险柜（箱）》征求意见稿专家审查会（第二次征求意见）暨第十次编制工作会议，检测机构、使用单位等十余名工作人员参会并组建评审专家组，会议听取了标准编制组的汇报，并对标准逐章、逐条进行审查，除编辑性修改外，形成如下意见：

（1）该标准结构合理，逻辑清晰，内容完整，编写格式符合 GB/T 1.1-2009 的相关要求。

（2）标准扩大了适用范围，提升了安全级别，规范了产品的检测；反映了当前防盗保险柜的技术状态，符合实际需求。

（3）专家组对标准征求意见稿提出的主要修改意见为：

——取消 A10 级别的防盗保险柜高度小于等于 450mm 的要求，并在编制说明中详细说明未降低原标准的理由。

——取消安全级别 A10、A15 的防盗保险柜纯钢板抗拉强度应大于等于 345MPa 的要求。

——取消柜门厚度小于等于 20mm 的防盗保险柜门缝间隙的要求。

——增加功能孔的定义。

——修改防盗保险柜和高安全锁检测的样品来源和数量。

——调整高安全锁破坏攻击的方法。

——明确高安全机械锁技术开启的方法。

专家一致通过该标准征求意见稿，并要求标准编制组根据会议所提出的具体意见，进一步修改完善，尽快形成送审稿。

11. 第十一次编制工作会议

2016 年 7 月 26 日，全国安全防范报警系统标准化技术委员会实体防护设备分技术委员会（SAC/TC100/SC1）在上海组织召开国家标准《防盗保险柜（箱）》第十一次编制工作会议，全体编制组成员及有关人员参加了会议。会议对第十次编制工作会议（征求意见稿专家评审会）专家审查会意见进行了逐条讨论，对标准进行了再次修改。

12. 锁具第二次专题会议暨第十二次编制工作会议

2016 年 8 月 11 日，全国安全防范报警系统标准化技术委员会实体防护设备分技术委员会（SAC/TC100/SC1）在上海组织召开国家标准《防盗保险柜（箱）》第二次锁具专题会议暨第十二次编制工作会议，编制组部分人员参加了会议。会议针对各种不同意见进行了讨论，对标准进行了修改，要求各编制单位对标准内容进一步提出修改意见。随着标准征求意见稿的完善，需要对标准中的每一个技术要求（测试）的来源、理由等进行说明，各起草单位根据自身的理解和专业侧重，对本附件中标准的第 3、

4、5 章以及第 6 章的内容进行逐章、逐条、逐款的解释说明，并由主要起草单位进行汇总形成编制说明中的主要技术内容，做好送审稿专家审查会的相关工作。

13.《防盗保险柜（箱）》信息安全专家评审会暨第十三次编制工作会议

2016 年 9 月 22 日，全国安全防范报警系统标准化技术委员会实体防护设备分技术委员会（SAC/TC100/SC1）在上海组织召开国家标准《防盗保险柜（箱）》信息安全专家评审会暨第十三次编制工作会议，科研院所、检测机构、企业单位等的十余名工作人员参会并组建评审专家组，专家组对标准信息安全相关的内容逐条进行了审查，除编辑性修改外，形成如下意见：

（1）标准中信息安全内容结构合理，逻辑清晰，内容完整；反映了当前防盗保险柜信息安全的实际需求、技术状态和发展趋势。

（2）专家组对标准征求意见稿提出的主要修改意见为：

——增加完善远程开启功能的技术要求。

——对有关密码方面的内容进行调整。

——删除重复的有关断电存储的要求。

——将有关公开明示内容调整到通用要求中。

专家组一致通过该标准征求意见稿信息安全部分内容，并要求标准编制组根据会议所提出的具体意见，进一步修改完善，尽快形成送审稿。

14. 送审稿专家审查会暨第十四次编制工作会议

2016 年 10 月 18 日，全国安全防范报警系统标准化技术委员会实体防护设备分技术委员会（SAC/TC100/SC1）在北京组织召开国家标准《防盗保险柜（箱）（送审稿）》专家审查会暨第十四次编制工作会议。来自公安部科技信息化局、公安部技术监督情报室、检测认证机构、产品用户等单位的专家及标准起草单位的代表共 30 余人参加会议。会议推选全国安全防范报警系统标准化技术委员会（SAC/TC100）施巨岭秘书长为专家组组长。

专家组认真听取了标准起草组的汇报，并对标准逐章、逐条进行了审查，形成如下一致意见：

（1）该标准结构合理，内容完整，编写格式符合 GB/T 1.1-2009 的相关要求，标准编制程序符合国家标准编制的相关要求。

（2）标准起草组参考了国外先进标准，扩大了标准的适用范围，对防盗保险柜（箱）产品的安全级别进行了扩展，调整和提升了攻击破坏使用的工具和锁具安全性能要求，规范了产品的检测；对提高我国防盗保险柜（箱）国家标准的适用性及防盗保险柜（箱）行业的技术水平有重要意义。

（3）防盗保险柜（箱）涉及保障国家和人民的财产安全，专家组同意保持标准的强制属性。

（4）专家组对标准送审稿提出的主要修改意见如下：

——标准名称确定为《防盗保险柜（箱）》。

——删除了3.6 高安全锁、3.7 高安全机械锁、3.8 高安全电子锁的术语和定义。

——注意本标准中有关电子锁的安全性要求与《电子防盗锁》（GA 374）的相关内容相协调统一。

——第8章中增加产品安全级别的标识要求。

专家组同意通过该标准送审稿，并要求标准起草组根据会议所提出的具体修改意见，进一步修改完善，并尽快形成报批稿报批。

15. 第十五次编制工作会议

2016年11月8日，全国安全防范报警系统标准化技术委员会实体防护设备分技术委员会（SAC/TC100/SC1）在上海组织召开国家标准《防盗保险柜（箱）》第十五次编制工作会议，讨论形成报批稿并落实送审稿专家审查会上的专家意见。会上编制组对专家意见逐条讨论确认，形成了报批稿初稿并对报批材料进行分工，12月初将意见集中到SAC/TC100/SC1秘书处，对报批稿初稿进行修改完善后报公安部科技信息化局和国家标准化管理委员会审批。

六、标准中主要技术内容的确定

本次修订保留了 GB 10409-2001 中经十多年实践证明合理可行的条款，同时删除和弱化了非安全性技术条款，修改了部分不合理的条款；根据目前技术发展的实际情况，增加了抗破坏的常用工具，提高了抗破坏性能的要求；对《防盗保险柜（箱）》中使用的锁具规定要采用"防盗保险柜锁"；参照 UL 标准，明确了标识的有关规定，使消费者根据标识能清楚所购买防盗保险柜（箱）的抗破坏能力；规定普通防盗保险柜（箱）的最低抗破坏时间为 10 分钟，对自助设备防盗保险柜最低抗破坏时间规定为 15 分钟；对自助设备保险柜、投入式保险柜、组装式保险柜在安全方面的特殊要求作了规定，使标准更适合目前的市场情况，具有一定的前瞻性。

1. 对防盗保险柜基本要求的调整情况

（1）删除防盗保险柜中非安全性条款，如：

——删除原标准中"5.1 一般要求"中的"5.1.5"关于产品外表面平面度要求。

——删除原标准中"5.2 结构要求"中"5.2.1、5.2.2、5.2.4～5.2.9"对材料、质量、柜门与门框的隙缝、晃动量、搁板等的要求。

——删除原标准中"5.6 附加装置"。

（2）对原标准中对防盗保险柜（箱）安全性能影响较大的技术内容作了较大修改，如：

——标准适用范围除了通用型防盗保险柜（箱）之外，还增加了自动柜员机防盗保险柜、组装式防盗保险柜、投入式防盗保险柜，在满足通用技术要求的基础上增加其相应附加技术要求、试验方法和检验规则等内容（见5.6～5.8、6.6～6.8、7.3）。

——按破坏工具、抗破坏净工作时间，将防盗保险柜（箱）划分为3类12个安全级别（见4.1 表1）。

——修改产品标记，在产品标记中增加了抗破坏时间等内容（见4.2）。

——修改和增加了破坏工具，明确了便携式电动工具的参数、修改并增加了专用便携式电动工具的种类，并明确了各种专用便携式电动工具的参数（见3.16至3.21）。

——修改了防盗保险柜（箱）上使用的锁具的技术要求和试验方法（见5.3、6.3）。

——修改了抗破坏试验的方法（见6.5）、增加了防盗保险柜产品安全级别标识（见第8章、附录A）、包装的内容（见9.1）。

2. 对《防盗保险柜（箱）》中使用的锁具标准中规定应采用"防盗保险柜锁"的说明

国际上规定在防盗保险柜（箱）上必须使用"高安全锁具"（High Security locks），该类锁具主要用于防盗保险柜及金库门等安全等级要求较高的场合，我国目前尚无对应的国家标准，从而造成我国防盗保险柜（箱）及金库门等产品中使用的锁具安全性无法得到有效保证，因此在本次修订中，增加了相应的高安全锁具的有关规定，根据送审稿专家审查意见将高安全锁具修改为"防盗保险柜锁"。

由于我国过去没有该类产品的国家标准和行业标准，故此次标准的修订主要参照《机械防盗锁》（GA/T 73-2015）、《电子防盗锁》（GA 374-

2001）等国家现行标准中的有关规定，以及美国 UL SUB 2058：2005、UL 437：2004、UL 768：2006 以及欧洲标准 DIN EN 1300：2013，同时根据我国的实际情况和行业的发展趋势，尤其是锁具的智能化和网络化趋势，增加了部分条款，使我国防盗保险柜（箱）技术指标向国际靠拢，便于走向国际市场。

七、关于标准的名称

在申请标准修订立项时，考虑到本标准是将《防盗保险柜》（GB 10409-2001）和《防盗保险箱》（GA 166-2006）两个标准及其他有关内容进行归类，故名称定为《防盗保险柜（箱）》。在编制讨论过程中曾将标准名称改为《防盗保险柜》。最后经征求各方面意见，确定标准名称为《防盗保险柜（箱）》。英文中"柜""箱"均为"safe"。

八、作为强制性标准的理由

本标准定为强制性国家标准，目的是规范我国《防盗保险柜（箱）》的制造质量和水平，保障国家和居民的财产安全。

九、国内外相关情况

目前，国际上有关标准主要如下：

（1）UL 291 Automated Teller Systems《自动柜员机系统》。

（2）UL 687 Safety Burglary-Resistant Safes《防盗保险箱》。

（3）UL 771 Safety Night Depositories《自动柜员机系统》。

（4）UL 2058 High Security Electronic Locks《高安全性的电子锁》。

（5）EN 1300 Secure storage units-Classification for high security locks according to their resistance to unauthorized opening《安全存储装置——防止未授权开启的高安全锁具的分类》。

（6）EN 1143 Secure storage units - Requirements, classification and methods of test for resistance to burglary - Part 1：Safes, ATM safes, strongroom doors and strongrooms《安全存储装置——防盗保险柜的要求，分类和测试方法》。

（7）Vds《保险箱、ATM 保险箱、金库墙和金库门》。

十、标准的主要特点及实施后的效益分析

(1) 本标准遵循"质量责任重于泰山"的宗旨，对防盗保险柜（箱）的设计、检验、标志、贮存、运输等各个环节都提出了严格的质量要求，贯彻了产品全面质量管理的要求，体现了质量是"做"出来的，不是"检"出来的质量管理理念。

(2) 本标准对防盗保险柜（箱）及主要的附件，如锁具等技术要求作了详细的规定，因而具有较强的可操作性。

(3) 本标准的章节设置、内容结构较为合理，编写格式符合国家标准 GB/T 1.1-2009 的编制要求。

(4) 本标准的修订编制，将对规范国内防盗保险柜（箱）行业管理和市场监督起到积极的技术支持作用，对国内防盗保险柜（箱）认证起到重要的推动作用。

(5) 认真贯彻、实施该标准有利于相关从业企业的平等竞争、提高企业的市场信誉度和经济效益，从而为社会、企业、用户创造巨大的经济效益和社会效益。

第二部分

条文说明

引　言

【条文】我国是防盗保险柜（箱）研制生产的大国，为规范防盗保险柜（箱）设计、制造和检验，在 1989 年发布了强制性国家标准《防盗保险柜》（GB 10409-1989），2001 年又对其进行了修订；根据我国的实际情况需要，在 1997 年又发布了公共安全行业强制性标准《防盗保险箱》（GA 166-1997），2006 年又对其进行了修订。随着我国防盗保险柜（箱）市场的成熟以及在国际市场占据重要的位置，为了提高我国防盗保险柜（箱）国家标准的适用性及行业的技术水平，本次修订中将自动柜员机防盗保险柜、组装式防盗保险柜、投入式防盗保险柜纳入本标准中，扩大了标准的适用范围。同时，标准将防盗保险柜（箱）安全级别进行扩展和提升，将防盗时间明确在产品的标记中，有助于消费者根据需求合理选择产品；标准还增加并明确了攻击破坏使用的工具，以规范产品的检测；本标准提高了对锁具安全性能的要求，明确规定防盗保险柜（箱）应使用符合本标准的防盗保险柜锁，以进一步保证防盗保险柜（箱）的整体安全。

【条文说明】对该标准的修订目的、历史、本次修订的重要内容等进行了阐述和说明。

前　言

【条文】本标准的全部技术内容为强制性。

本标准按照 GB/T 1.1-2009 给出的规则起草。

本标准代替《防盗保险柜》（GB 10409-2001），与 GB 10409-2001 相比，主要技术内容变化如下：

【条文说明】本标准除了代替《防盗保险柜》（GB 10409-2001）外，还替代《防盗保险箱》（GA 166-2006）。

——修改了标准适用范围（见第 1 章，2001 年版的第 1 章）

修改前（2001 年版）	修改后（2019 年版）
本标准适用于防盗保险柜的生产和检验。也适用于附有报警、防火及遥控等功能的防盗保险柜。	本标准适用于防盗保险柜、防盗保险箱、自动柜员机防盗保险柜、组装式防盗保险柜、投入式防盗保险柜的设计、制造、检验。

【条文说明】从新旧标准的表述看，新标准的范围扩大，且在正文的 5.2.4 明确，报警、防火等功能的加入不能降低柜子的安全级别。

——修改了防盗保险柜（箱）的定义（见 3.1，2001 年版的 3.1）

修改前（2001 年版）	修改后（2019 年版）
在规定时间内抵抗规定条件下非正常进入装有机械、电子锁具（包括密码锁、IC 卡锁等）的柜体。	在规定时间内抵抗本标准规定条件下非正常进入的各类柜（箱）。

【条文说明】修订后的名词解释虽然没有明确产品需要配置锁具，但是标准中明确要抵抗本标准规定的非正常开启就必须配置符合标准的锁具，且锁具的配置数量应达到规定的要求。

——增加了自动柜员机防盗保险柜、组装式防盗保险柜、投入式防盗保险柜及其定义，在满足通用技术要求的基础上增加其相应附加技术要求、试验方法和检验规则等内容（见 3.2 ~ 3.4、5.6 ~ 5.8、6.6 ~ 6.8、7.3）

增加条文	技术要求	试验方法
3.2 自动柜员机防盗保险柜 burglary‑resistant automatic teller machines（ATM）safe 自动柜员机中用于存放现金、票据处理等模块的防盗保险柜。	5.6 自动柜员机防盗保险柜附加要求 5.6.1 自动柜员机防盗保险柜应设置重锁装置，重锁方向大于或等于 2 个。当锁具及门栓机构受到攻击，在保护失效前，重锁装置应能启动。 5.6.2 自动柜员机防盗保险柜门栓机构应有防护措施，门开启时应不能窥视和触及锁具及门栓机构。 5.6.3 功能性开口应不能被测试体通过，该部位的抗破坏性能不应低于柜体本身对应安全级别的要求。 5.6.4 所有未使用的功能性开口应采取堵塞措施，且从外侧不能拆除堵塞件。 5.6.5 产品图纸应注明功能性开口名称，如导线孔、现钞出口、存钞入口和报警装置孔等。	6.6 自动柜员机防盗保险柜附加要求检验 6.6.1 检查自动柜员机防盗保险柜的重锁装置的设置，结合抗破坏性能试验，判定结果是否符合 5.6.1 的要求。 6.6.2 检查自动柜员机防盗保险柜的门锁几个盖板，判定结果是否符合 5.6.2 的要求。 6.6.3 使用测试体在自动柜员机防盗保险柜的功能性开口上进行进入试验，任意一测试体能否通过其中任意一个功能开口，对于结构符合要求的开口，其抗破坏性能试验见 6.5.2.2，判定结果是否符合 5.6.3 的要求。 6.6.4 检查自动柜员机防盗保险柜上未使用的开孔的封堵措施，尝试从外侧拆除堵塞件，判定结果是否符合 5.6.4 的要求。 6.6.5 按照随机产品图纸，测定每一个功能孔的位置与尺寸偏差，判定结果是否符合 5.6.5 的要求。
3.3 组装式防盗保险柜 burglary‑resistant assembled safe 柜体可以拆卸、拼装的防盗保险柜。	5.7 组装式防盗保险柜附加要求 5.7.1 组装完成后应成为一个整体，应无可分离的部件；在不破坏柜体情况下，应不能从外部拆卸。 5.7.2 组装式防盗保险柜的连接部分的抗破坏性能应高于或等于柜体本身的要求。	6.7 组装式防盗保险柜附加要求检验 6.7.1 对照组装式防盗保险柜的图纸，检查产品的结构，判定结果是否符合 5.7.1 的要求。 6.7.2 抗破坏性能试验见 6.5.2.3，判定结果是否符合 5.7.2 的要求。

增加条文	技术要求	试验方法
3.4 投入式防盗保险柜 burglary–resistant self-service deposit safe 具有安全投入口的防盗保险柜。	5.8 投入式防盗保险柜附加要求 投入式防盗保险柜的开口应有保护措施，应不能直接从开口处钩、夹、粘取内部物品，保护部分的抗破坏性能不应低于柜体本身的抗破坏性能。	6.8 投入式防盗保险柜附加要求检验 对照图纸，检查产品开口部位的结构，并在柜内装散装有 100 元钞票尺寸相同的点钞钞票 10 张，用规定的工具进行钩、夹、粘试验，在相应级别的规定时间内应不能取到钞票；同时，抗破坏性能试验见 6.5.2.4，判定结果是否符合 5.8 的要求。

【条文说明】本标准中新增的三类保险柜，各自都有其特点，其中组装式防盗保险柜的库体是由库板拼装起来的大型保险柜【当它们当作金库使用时，还应满足相关的标准要求，如《银行业务库安全防范的要求》（GA 858-2010）】。对于投入式保险柜，因为存在特殊的功能开口，因此需要使用带有一个或多个钩子或其他装置的绳索、金属线或类似物品从功能口吊取物品来判断产品安全性。对于自动柜员机保险柜，标准参考了《自动柜员机安全性要求》（GA 1280-2015）的要求，一方面，要求其防护能力大于15 分钟以上，门栓机构要增加重锁装置；另一方面，对于其功能开口通过测试体进行评价测试，未使用的功能开口应进行封堵等特殊要求。

——增加了防盗保险柜锁和钥匙的定义（见 3.6、3.9）

增加条文
3.6 防盗保险柜锁 lock for burglary-resistant safe 在防盗保险柜（箱）上使用的，防钻、防撬、防拉、防冲击、防强扭、防技术开启、密钥量等达到本标准规定技术要求的，具有锁定装置且独立启闭的锁具。

【条文说明】这是本标准变化较大的内容，要求锁具具有锁定装置且能独立启闭。

增加条文
3.9 钥匙 key 用来控制防盗保险柜锁的密钥信息或密钥信息载体。 注：可分为机械钥匙、数字钥匙、生物钥匙。

【条文说明】对钥匙的定义突破传统的概念，各种信息载体（包括机

械钥匙、数字密码、人脸、虹膜及指纹等生物信息）都可以作为钥匙。

——修改了防盗保险柜机械锁、防盗保险柜电子锁的定义、技术要求和试验方法（见 3.7、3.8、5.3、6.3，2001 年版的 3.10、3.11、5.3、5.4、6.3、6.4）

修改前（2001 版）	修改后（2019 版）
3.10 机械密码锁 machine combination locks 通过机械方式输入密码与设置密码比对，以控制柜门（锁舌）启闭的锁具。	3.7 防盗保险柜机械锁 mechanical lock for burglary-resistant safe 通过机械装置实现锁具密钥比对，采用机械传动装置实现启闭的防盗保险柜锁，包括钥匙式和密码式等。

【条文说明】新标准将防盗保险柜机械锁分为两种，一种是钥匙式的防盗保险柜机械锁，另一种是旋转对号密码锁及按键式防盗保险柜机械锁。

修改前（2001 版）	修改后（2019 版）
3.11 电子密码锁 electronic combination locks 通过电子系统输入密码与设置密码比对，由机电执行机构控制柜门（锁舌）启闭的锁具。	3.8 防盗保险柜电子锁 electronic lock for burglary-resistant safe 通过电子系统实现锁具密钥比对，采用机电方式实现启闭的防盗保险柜锁。

【条文说明】旧标准在锁具是直接锁柜门还是锁定门栓机构存在不确定性，新标准明确锁具应符合本标准的相关要求才能使用在防盗保险柜（箱）上。

修改前（2001 版）	修改后（2019 版）
5.3 机械锁（包括磁锁、机械密码锁等） 防盗保险柜上采用的机械锁应符合 GA/T 73 的要求。 5.4 电子锁（包括 IC 卡锁、电子密码锁等） 5.4.1 电子密码锁的密钥量应不小于 10^6，并可任意变码。 5.4.2 如果用按键输入密码，其按键在连续 6000 次揿按动作中不应出现故障。	5.3 防盗保险柜锁要求 5.3.1 基本要求 5.3.1.1 防盗保险柜锁的锁具防钻、防撬、防拉、防扭、防冲击性能应达到净工作时间 15min 以上。 5.3.1.2 锁舌锁定部分的长度应大于或等于 9mm。 5.3.1.3 锁舌经轴向 980N、侧向 1470N 的压力试验后，应能正常使用。 5.3.1.4 锁具经 1m 高自由跌落后应能正常工作。 5.3.1.5 锁具应可正常启闭 10000 次且无任何故障。 5.3.1.6 对锁具 6 个方向施加 50_{-5}^{0}g 冲击，冲击过程中锁具不得自行开启。

修改前（2001 年版）	修改后（2019 年版）
5.4.3 电子锁在经受不大于 0.5J 能量的撞击时，应不产生误动作和损坏现象。 5.4.4 电子密码锁应有应急开启功能，并可有多级、多组开启密码。 5.4.5 电子密码锁密码输入应有提示。连续 3 次输入错码或误操作，电子密码锁应有限时锁定、报警等功能。但在限时锁定、报警过后，恢复正确操作应能正常开启。 5.4.6 电子锁的电源电压在额定值的85%～110%范围内变化时，电子锁应能正常工作。当电源电压低于规定的告警电压时，应有欠压告警指示。欠压告警后，电源容量应仍能满足电子锁正常启闭 240 次以上。 5.4.7 电子锁应有外接电源接口或应急开启装置。 5.4.8 采用电子锁的防盗保险柜应对电子锁的关键部位进行保护。在键盘、导线、机电执行机构等处受到破坏攻击时，应能承受相应类别防盗保险柜的抗破坏试验。 5.4.9 电子锁的环境适应性应符合GB/T 15211—1994 中 A-1/2；A-2/5；A-3/3；A-4/1；A-6/3；A-18/3 的要求。 5.4.10 电子锁的抗扰度要求应符合GB/T 17626.2 中（1级）、GB/T 17626.3 中（1级）、GB/T 17626.4 中（1级）、GB/T 17626.5 中（1级）、GB/T 17626.11 中（等级 40，持续时间 5 周期）的试验要求。	5.3.2 防盗保险柜机械锁 5.3.2.1 密码式防盗保险柜机械锁由高到低分为 1 级和 2 级两个防护级别，其对码误差符合： a）1 级三转向片密码式防盗保险柜机械锁最大允许偏差应一个小于或等于 1 个刻度，1 级四转向片密码式防盗保险柜机械锁最大允许偏差应小于或等于 1.25 个刻度，超过最大允许偏差时锁具不能被打开； b）2 级三转向片密码式防盗保险柜机械锁最大允许偏差应小于或等于 1.25 个刻度，2 级四转向片密码式防盗保险柜机械锁最大允许偏差应小于或等于 1.5 个刻度，超过最大允许偏差时锁具不能被打开。 5.3.2.2 钥匙式防盗保险柜机械锁的防技术开启时间应大于或等于 30min，1 级密码式防盗保险柜机械锁的防技术开启时间应大于或等于 20h，2 级密码式防盗保险柜机械锁的防技术开启时间应大于或等于 2h。 5.3.2.3 转盘密码式防盗保险柜机械锁应能承受以小于或等于 48 圈/min 的速度作密码组合的操作，累计转动圈数大于或等于 10000 圈，试验后锁具的对码误差应符合 5.3.2.1 的要求。 5.3.2.4 三转向片密码式防盗保险柜机械锁的理论密钥量应大于或等于 10^6，四转向片密码式防盗保险柜机械锁的理论密钥量应大于或等于 10^7，实际密钥量应大于或等于理论密钥量的 60%。 5.3.2.5 对锁具任意方向施加频率为 4Hz～50Hz、振幅为 0.254mm、跳频间隔为 1Hz 的扫描振动，在共振频率点振动 2h，如无共振点时则在 50Hz 处振动 2h，振动过程中锁具不得自行开启。 注：共振点为振动过程中锁具内锁定部件的振动幅度达到最大幅度的一半及以上。 5.3.2.6 灵活度、耐腐蚀、差异量、互开率等技术要求应符合 GA/T 73—2015 的 B 级及以上有关要求。 5.3.3 防盗保险柜电子锁 5.3.3.1 锁具中执行开/闭锁动作的部件不应采用电磁铁驱动和锁定。 5.3.3.2 锁具在柜体外的导线在 0V～1000V、功率小于或等于 50W 的双向直流高压攻击下，锁具应不能开启。

修改前（2001 年版）	修改后（2019 年版）
	5.3.3.3 防技术开启时间应大于或等于 20h。
	5.3.3.4 对锁具任意方向施加频率为 10Hz～35Hz、振幅为 0.254mm、跳频间隔为 5Hz 的扫描振动，在共振频率点振动 15min，如无共振点时则在 35Hz 处振动 4h，振动过程中锁具不得自行开启。
	5.3.3.5 锁具的所有开锁方式和控制方式，以及动态密钥的有效时间和可使用次数，应在说明书中予以明示，不应有说明书声明外的开启方式和控制方式。
	5.3.3.6 密钥量应大于或等于 10^6。钥匙组数大于或等于 10 组的电子密码锁，密钥量应大于或等于钥匙组数$\times 10^5$。
	5.3.3.7 防盗保险柜电子锁的密钥修改应只能在开启状态下或使用有效钥匙后进行。
	5.3.3.8 防盗保险柜电子锁在用户连续输入少于或等于 5 次错误密钥后应锁定大于或等于 3min。
	5.3.3.9 非机械钥匙的密钥不应以目视方式被读取，密钥在钥匙中应非明文存储，防止非授权获取。
	5.3.3.10 应不能使用生物钥匙或远程方式独立开启锁具，同时应使用数字密钥进行身份鉴别。
	5.3.3.11 信息保存、误识率、环境适应性、抗干扰、安全性、稳定性等技术要求应符合 GA 374-2001 的 B 级有关要求。
6.3 机械锁检验 检查机械锁的检测报告，或按 GA/T 73 中的相关要求进行检验或重点复检，结果应符合 5.3 的要求。 6.4 电子锁检验 6.4.1 电子锁密钥量检查 检查或计算电子密码锁的密钥量，结果应符合 5.4.1 的要求。 6.4.2 按键耐久性试验 在耐久性试验装置上，以不大于 15 次/min 的速率按动每个按键各 6000 次，再将受试键盘与电子锁相联，进行按键操作和电子锁功能试验，结果应符合 5.4.2 的要求。	6.3 防盗保险柜锁检验 6.3.1 基本要求检验 6.3.1.1 锁具抗攻击试验 将样品安装在测试架上，具有熟练操作技能、了解锁具结构的试验人员用 GA/T 73-2015 中 B.2 的试验工具，通过标准中的图 1 中的攻击孔进行钻、凿、拉冲击试验，以及使用扳手或电动扳手对锁具进行强扭，判定结果是否符合 5.3.1.1 的要求。可多种方式安装的锁具，应对每种安装方式分别进行测试。 6.3.1.2 锁舌行程检验 用精度为 0.02mm 的游标卡尺测量，判定其结果是否符合 5.3.1.2 的要求。 6.3.1.3 锁舌压力检验 锁舌压力试验按 GA/T 73-2015 中 6.2.1 进行，判定

修改前（2001 年版）	修改后（2019 年版）
6.4.3 抗撞击试验 将电子锁及按键或其他操作装置固定在 50mm 厚的木板上，使电子锁处于工作状态。用质量为 500g 的实心钢球从 100mm 高处自由跌落，撞击按键防护外壳四周各三次，观察电子锁有否误动作。撞击后进行电子锁功能试验，试验结果应符合 5.4.3 的要求。 **6.4.4 密码锁功能检验** 按产品的说明书对电子密码锁的功能进行试验，包括改变密码、多组密码开启、应急开启、错码输入、各种误操作及附加装置（监控、报警等）的联动试验（6.1.3 已试验的项目，可不重复）。结果应符合 5.4.4 和 5.4.5 的要求。 **6.4.5 电压适应性试验** 用精度 0.5 级、量程 1.5 倍于电源电压的电压表和精度 0.5 级，量程 1.5 倍于额定电流值的电流表监测，分别在额定电源电压的 85%、110% 和规定的告警电压时进行试验，结果应符合 5.4.6 的要求。 **6.4.6 电源接口应急开启检查** 检查电子锁外接电源接口或应急开启装置，结果应符合 5.4.7 的要求。 **6.4.7 环境适应性试验** 电子锁的环境适应性试验按 GB/T 15211 的要求进行试验，结果应符合 5.4.9 的要求。 **6.4.8 抗扰度试验** 电子锁的抗扰度试验按 GB/T 17626.2～17626.5 和 GB/T 17626.11 的要求进行试验。结果应符合 5.4.10 的要求。	结果是否符合 5.3.1.3 的要求。 **6.3.1.4 自由跌落试验** 锁具任意面（除锁舌外）从 1m 高处跌落到水泥地面上 10 次后，检查锁具的工作情况，判定结果是否符合 5.3.1.4 的要求。 **6.3.1.5 锁具耐久性试验** 按照锁具使用说明书对锁具进行连续开启 10000 次试验，记录试验过程中的现象，判定结果是否符合 5.3.1.5 的要求。 **6.3.1.6 锁具冲击试验** 锁具 6 个面依次固定于振动测试台上，每个面施加 $50^{0}_{-5}g$ 的冲击 10 次，判定结果是否符合 5.3.1.6 的要求。 **6.3.2 防盗保险柜机械锁检验** **6.3.2.1 对码误差检验** 按照 5.3.2.1 的要求和 GA/T 73-2015 中 6.1.7.5 进行对码误差检验，判定结果是否符合 5.3.2.1 的要求。 **6.3.2.2 防技术开启试验** 防技术开启试验按 GA/T 73-2015 中 6.6.6 进行，判定结果是否符合 5.3.2.2 的要求。 **6.3.2.3 密码式耐久性检验** 按照 5.3.2.3 的要求和 GA/T 73-2015 中 6.1.7.5 进行对码误差检验，判定结果是否符合 5.3.2.3 的要求。 **6.3.2.4 密钥量检验** 按照 5.3.2.4 的要求和 GA/T 73-2015 中 6.7.2 进行密钥量检验，判定结果是否符合 5.3.2.4 的要求。 **6.3.2.5 振动试验** 按照 5.3.2.5 的要求进行振动试验，判定结果是否符合 5.3.2.5 的要求。 **6.3.2.6 其余技术要求检验** 按照 GA/T 73-2015 的相关试验方法，对锁具进行如下试验，判定结果是否符合 5.3.2.6 的要求： a）防盗保险柜机械锁的灵活度试验，按 GA/T 73-2015 中 6.3 进行； b）防盗保险柜机械锁的耐腐蚀试验，按 GA/T 73-2015 中 6.5 进行； c）防盗保险柜机械锁的差异量试验，按 GA/T 73-2015 中 6.7.1 进行；

修改前（2001 年版）	修改后（2019 年版）
	d）防盗保险柜机械锁的互开率试验，按 GA/T 73—2015 中 6.7.2 进行。 **6.3.3 防盗保险柜电子锁检验** **6.3.3.1 执行机构检验** 检查产品的结构，判定结果是否符合 5.3.3.1 的要求。 **6.3.3.2 双向直流高压攻击试验** 对锁具在箱体外部的外露导线两两组合分别施加功率为 50W，从 0V−1000V 的直流电压，每个阶梯为 100V，每个阶梯停留时间为 5s，锁具在整个测试过程中不能开启，但允许其他损坏情形发生，对每组导线需分别施加两个不同极性方向的电压，每组导线组合及不同极性测试需使用不同的新锁，判定结果是否符合 5.3.3.2 的要求。 **6.3.3.3 防技术开始试验** 对锁具进行试探性密码开启、强电磁场技术开启、替换锁具的柜外部件等试验，判定结果是否符合 5.3.3.3 的要求。 **6.3.3.4 振动试验** 按照 5.3.3.4 的要求进行振动试验，判定结果是否符合 5.3.3.4 的要求。 **6.3.3.5 开锁和控制方式检验** 检查设计文件，与产品说明书进行对比，判定结果是否符合 5.3.3.5 的要求。 **6.3.3.6 密钥量检验** 按试验说明书检查密码量，对样品进行操作验证，判定结果是否符合 5.3.3.6 的要求。 **6.3.3.7 密钥修改检验** 按使用说明书检查设置密码前是否要求用户输入密码进行身份鉴别，对样品进行操作验证，判定结果是否符合 5.3.3.7 的要求。 **6.3.3.8 错误锁定检验** 按照 5.3.3.8 的要求输入错误密码后，检查锁具是否锁定及锁定时间，判定结果是否符合 5.3.3.8 的要求。 **6.3.3.9 密钥保存检验** 检查非机械钥匙和检查设计文件，判定结果是否符合 5.3.3.9 的要求。

续　表

修改前（2001 年版）	修改后（2019 年版）
	6.3.3.10 开启模式检验 使用生物钥匙或远程方式开启锁具，判定结果是否符合 5.3.3.10 的要求。 6.3.3.11 其余技术要求检验 按照 GA 374-2001 的相关试验方法，对锁具进行如下试验，判定结果是否符合 5.3.3.11 的要求： ——防盗保险柜电子锁的信息保存试验，按 GA 374-2001 中 6.3 进行； ——防盗保险柜电子锁的误识率试验，按 GA 374-2001 中 6.4 进行； ——防盗保险柜电子锁的环境适应性试验，按 GA 374-2001 中 6.6 进行； ——防盗保险柜电子锁的抗干扰性试验，按 GA 374-2001 中 6.7 进行； ——防盗保险柜电子锁的安全性试验，按 GA 374-2001 中 6.8 进行； ——防盗保险柜电子锁的稳定性试验，按 GA 374-2001 中 6.9 进行。

【条文说明】《机械防盗锁》（GA/T 73）、《电子防盗锁》（GA 374）并非专门针对防盗保险柜（箱），因此新标准在上述两个标准的基础上进行了调整，不仅强调锁具本身的强度，还对防技术开启、远程开启及生物技术开启、使用说明等进行了补充。

——增加了有关柜体部件的术语（见 3.10~3.11）

增加条文
3.10 门栓机构 bolt work 使防盗保险柜（箱）门保持关闭或开启状态的部件。
3.11 重锁装置 relocking device 门栓机构和锁具遭到破坏性开启时，能阻止门栓机构运动或门被开启的保护机构。

——修改了进入的定义（见 3.12，2001 年版的 3.3）

修改前（2001 年版）	修改后（2019 年版）
3.3 进入 entry 在抗破坏试验中，各类防盗保险柜在指定的净工作时间内，打开柜门或在柜门、柜体上开出一个不小于规定面积的开口：A 类防盗保险柜为 38cm²，B 类、C 类防盗保险柜为 13cm²。	3.12 进入 forced entry 在抗破坏试验中，防盗保险柜（箱）在规定的净工作时间内，按规定要求打开柜（箱）门或在柜（箱）门、柜（箱）体上开出一个不小于规定面积的穿透性开口。

——删除了附加装置的定义（见 2001 年版的 3.15）

原来条文（2001 年版）
3.15 附加装置 additional unit 防盗保险柜按需要装入的监控、报警等装置。

——修改了破坏工具的定义（见 3.16~3.21，2001 年版的 3.4~3.9）

修改前（2001 年版）	修改后（2019 年版）
3.4 普通手工工具 common hand tools 包括凿子、冲头、楔子、螺丝刀、钢锯、扳手、钳子、质量不大于 3.6kg 的铁锤、长度不大于 1.5m 的撬扒工具和通用的凿挖工具。	3.16 普通手工工具 common hand tool 包括凿子、冲头、楔子、螺丝刀、钢锯、扳手、钳子、质量小于或等于 3.6kg 的铁锤、长度小于或等于 1.5m 直径小于或等于 25mm（或者相等截面积）的撬扒工具，以及带有一个或多个钩子或其他装置的绳索、金属线或类似物品。
3.5 便携式电动工具 portable electric tools 钻头直径不大于 12.5mm 的手电钻、冲头直径不大于 25mm 的冲击电钻及加压装置。	3.17 便携式电动工具 portable electric tool 钻头直径小于或等于 12.7mm、功率小于或等于 1800W 的便携式手持电钻；冲头直径小于或等于 25.4mm、功率小于或等于 2400W 的便携式电动冲击锤及加压装置。
3.6 磨头 grinding point 转速为 14000 转/分~22000 转/分的模具电磨驱动的锥形、盘形、圆柱形及类似形状的磨削工具。	3.19 磨头 grinding point 转速为 14000r/min~22000r/min 且功率小于或等于 1440W 的电驱动的锥形、盘形、圆柱形及类似形状的磨削工具。

续 表

修改前（2001 年版）	修改后（2019 年版）
3.7 专用便携式电动工具 specific portable electric tools 砂轮直径不大于 200mm 的便携式砂轮切割机、电锯及钻头直径不大于 25mm 的电锤。	3.18 专用便携式电动工具 specific portable electric tool 便携式切割机、便携式砂轮机、电锯的总称。 3.18.1 便携式切割机 portable cutting machine 具有高速钢、镶硬质合金刀齿且直径小于或等于 203mm、功率小于或等于 2400W、转速小于或等于 8000r/min 的手持切割机。 3.18.2 便携式砂轮机 portable abrasive cutting wheel 砂轮片直径小于或等于 203mm、厚度小于或等于 3.2mm、功率小于或等于 2400W、转速小于或等于 8000r/min 的电动手持盘形砂轮机。 3.18.3 电锯 electric saw 圆锯、锯孔锯、往复锯的总称。 3.18.3.1 圆锯 circular saw 具有高速钢或镶硬质合金刀齿、圆锯片直径小于或等于 203mm、功率小于或等于 2400W、转速小于或等于 5000r/min 的电动锯。 3.18.3.2 锯孔锯 hole saw 具有高速钢或镶硬质合金的刀齿、孔直径小于或等于 76mm，并与 3.17 的电钻配合使用的用来切割孔的圆柱形锯装置。 3.18.3.3 往复锯 reciprocating saw 具有高速钢或镶硬质合金刀齿的、功率小于或等于 2400W 的手持往复锯装置。
3.8 割炬 cutting torch 氧-乙炔割炬，规格不大于 G01-30 射吸式割炬。	3.20 割炬 cutting torch 氧-乙炔割炬，切割低碳钢的厚度大于或等于 3mm、最大厚度小于或等于 30mm 的手工射吸式割炬。
3.9 爆炸物 explosives 标准梯恩梯（TNT）炸药或具有相当爆炸能量的其他炸药。	3.21 爆炸物 explosive TNT 炸药（密度为 $1.55g/cm^3 \sim 1.60g/cm^3$）或具有相当爆炸当量的其他炸药。

——增加了测试体、功能性开口、防技术开启的术语（见 3.22~3.24）

增加条文
3.22 测试体 test body 长为 150mm、截面积为 125cm^2 的刚性体，截面要求为最小边长为 100mm 的矩形，或边长为 112mm 的正方形，或直径为 126mm 的圆形。
3.23 功能性开口 functional opening 防盗保险柜（箱）上为特殊功能而预设的开口。
3.24 防技术开启 professional-tools resistant opening 抵抗锁具专业技术人员使用专用工具，运用操作手法非破坏性打开锁具的能力。

——修改了安全级别，按破坏工具、抗破坏净工作时间，将防盗保险柜（箱）划分为3类12个安全级别（见4.1，2001年版的4.1）

修改前（2001年版）	修改后（2019年版）
4.1 产品分类 防盗保险柜产品根据安全级别分为6类。 4.1.1 A1类防盗保险柜 应能阻止用普通手工工具、便携式电动工具和磨头以及这些工具相互配合使用，在净工作时间15min以内进入的防盗保险柜。 4.1.2 A2类防盗保险柜 应能阻止破坏A1类防盗保险柜所采用的工具和专用便携式电动工具以及这些工具相互配合使用，在净工作时间30min以内进入的防盗保险柜。 4.1.3 B1类防盗保险柜 应能阻止破坏A2类防盗保险柜所采用的工具和割炬以及这些工具相互配合使用，在净工作时间15min以内进入的防盗保险柜。 4.1.4 B2类防盗保险柜 应能阻止破坏B1类防盗保险柜所采用的工具以及这些工具相互配合使用，在净工作时间30min以内进入的防盗保险柜。 4.1.5 B3类防盗保险柜 应能阻止破坏B1类防盗保险柜所采用的工具以及这些工具相互配合使用，在净工作时间60min以内进入的防盗保险柜。 4.1.6 C类防盗保险柜 应能阻止破坏B1类防盗保险柜所采用的工具和爆炸物以及这些工具、材料相互配合使用，在净工作时间60min以内进入的防盗保险柜。	4.1 产品分类与分级 防盗保险柜按照抵抗破坏所使用的破坏工具不同分为A、B、C三类，按照破坏所需的净工作时间分为12个安全级别，详细内容见表1。 **表1　产品分类分级表** （见下表）

表1　产品分类分级表

分类	安全级别	净工作时间 min	破坏工具
A	A10	≥10	普通手工工具、便携式电动工具、磨头
	A15×1	≥15（柜门面），≥10（其余各面）	
	A15	≥15	
	A30×1	≥30（柜门面），≥15（其余各面）	柜门面：普通手工工具、便携式电动工具、磨头、专用便携式电动工具；其余各面：普通手工工具、便携式电动工具、磨头
	A30	≥30	普通手工工具、便携式电动工具、磨头、专用便携式电动工具
B	B15	≥15	普通手工工具、便携式电动工具、磨头、专用便携式电动工具、割炬
	B30×1	≥30（柜门面），≥15（其余各面）	
	B30	≥30	
	B60	≥60	
	B90	≥90	
C	C60	≥60	普通手工工具、便携式电动工具、磨头、专用便携式电动工具、割炬、爆炸物
	C90	≥90	

注1：本表中安全级别（分类与分级）由低向高顺序排列，即A30×1高于A15，B15高于A30，C60高于B90。

注2：防盗保险柜除柜门面外，其余各面的抗破坏性能较柜门面低一级别的用"×1"表示。若标记中没有"×1"，表明该防盗保险柜各面抗破坏性能一致。

注3：B类在A类基础上增加割炬的破坏工具；C类在B类基础上增加爆炸物的破坏工具。

【条文说明】 新标准还是按工具分为 A、B、C 三类，其中 A 类从 A1、A2 两个级别增加到了 A10、A15×1、A15、A30×1、A30 5 个级别；B 类从 B1、B2、B3 三个级别增加至 B15、B30×1、B30、B60、B90 5 个级别；C 类从 1 个级别增加到了 C60、C90 2 个级别；同时增加了墙壁嵌入等特殊使用场合的门扇面比柜体面高出一个防护级别的特殊类型。

——修改了产品标记，在产品标记中增加了抗破坏时间等内容（见 4.2，2001 年版的 4.2）

修改前（2001 年版）	修改后（2019 年版）
4.2 产品标记 防盗保险柜产品按下述方式进行标记： FDG-□□/□-□ 以厘米表示的柜体高度 锁具类别：J—机械，D—电子 产品分类（A1、A2、B1、A2、B3及C） 防盗保险柜	4.2 产品标记 产品标记如下： □□-□-□□-□-□ 企业产品代号(企业自定) 柜体高度，单位为厘米(cm) 防盗保险柜锁具类别，机械锁用J表示，电子锁用D表示 安全级别 防盗保险柜代号，用FDG表示，其中自动柜员机防盗保险柜为FDGM、组装式保险柜为FDGZ、投入式防盗保险柜为FDGT

【条文说明】 标准继承了用外形净高尺寸与产品容积相关联的理念，由于电子锁与机械锁最大的区别在于环境适应性、电气安全性、电磁兼容及信息安全等特殊技术要求，故新标准沿袭了旧标准中电子锁具与机械锁具相关的表述。

——删除了对角线尺寸偏差要求（见 2001 年版的表 2）

原来条文（2001 年版）

表 2　对角线长偏差　　　　　　　　　　mm

对角线长 l	$l<700$	$700\leq l<1000$	$1000\leq l<1500$	$l\geq1500$
偏差	≤±2.5	≤±3.5	≤±4.5	≤±7

——删除了外表面平面度要求（见 2001 年版的 5.1.5）

原来条文（2001 年版）

5.1.5 柜体高度不大于 600mm 的防盗保险柜，外表面平面度不大于 4mm；柜体高度大于 600mm 的防盗保险柜，外表面平面度不大于 6mm。

【条文说明】 对角线偏差与平面度属于工艺质量参数，属于供需双方共同商定的质量，本标准不予规定。

——删除了钢材抗拉强度极限要求（见 2001 年版的 5.2.1）

原来条文（2001 年版）
5.2.1 防盗保险柜采用的钢材，其抗拉强度极限应不小于 345MPa。

【条文说明】 对于钢制防盗保险柜（箱）而言，规定钢板的抗拉强度极限是有意义的，但是对于复合式防盗保险柜（箱）而言，不作材料强度要求，主要依靠抗破坏实验来验证其性能。

——删除了柜体焊接有关要求（见 2001 年版的 5.2.2）

原来条文（2001 年版）
5.2.2 柜体可采用铸造或钢板装配焊接结构。焊缝抗拉强度应不低于母体材料的抗拉强度。若钢板厚度达到 25mm 时，则连续焊缝深度应不小于 6mm。采用其他材料和工艺制作时，应充分考虑该类别防盗保险柜的抗破坏要求。

【条文说明】 对于焊接强度及焊接工艺，柜子成形后无法进行直接测试，性能可以通过抗破坏能力来表征，因此新标准取消了该条款。

——修改了防盗保险柜重量有关要求（见 5.2.2，2001 年版的 5.2.3 和 5.2.4）

修改前（2001 年版）	修改后（2019 年版）
5.2.3 A 类、B 类防盗保险柜质量小于 340kg 时，应配备固定件，并应有指导防盗保险柜固定在混凝土上，或较大保险柜内，或房间内的说明书。 5.2.4 C 类防盗保险柜的质量应不小于 450kg。	5.2.2 防盗保险柜的质量小于 340kg 时，应配备固定件，并应有指导防盗保险柜固定的说明书。

【条文说明】 由于科技的发展，材料的性能也在不断提高，高防护级别的保险柜可能比较轻，因此取消了 C 类防盗保险柜的质量应不小于 450kg 的要求。

——修改了柜门和门框之间直接通道以及柜体上开孔的相关要求（见5.2.3，2001 年版的 5.2.5 和 5.2.6）

修改前（2001 年版）	修改后（2019 年版）
5.2.5 柜门和门框之间应没有进入柜内的直接通道。柜门与门框的隙缝最大处应符合表 3 的规定。 表 3　柜门与门框隙缝　　　mm 5.2.6 可在防盗保险柜的顶部、侧面、背面、底部开一个直径不大于 6mm 的孔，以便穿入导线。但开孔位置不能直接看到柜门的锁闭机构。	5.2.3 除自动柜员机防盗保险柜外，柜门和门框之间应没有进入柜内的直接通道。防盗保险柜上开功能孔的，从开孔位置应不能看见门栓机构，且开孔位置应不降低该部位的抗破坏性能。

表 3　柜门与门框隙缝　　　mm

柜体高度	≤600	>600
上、右、左间隙	≤1.5	≤2
下间隙	≤2	≤2.5

【条文说明】框扇间隙属于工艺质量参数，由供需双方共同规定，因此新标准删除了该项要求，同时由于保险柜产品逐渐集成了视频、报警、出入控制甚至大数据等功能，这些功能不一定需要开孔或者开孔的直径不一定为 6mm，因此在新标准的 5.2.4 明确，报警、防火等功能的加入不能降低柜子的防护性能，并且不规定具体的开孔要求。

——删除了柜外导线拉力要求（见 2001 年版的 5.2.7）

原来条文（2001 年版）
5.2.7 柜外导线的每一条引线均应能承受 49N 拉力，持续 1min，引线不应受损，也不能使拉力传到内部接线端子上。

【条文说明】各种导线均有自身的技术要求，同时导线的强度不会影响柜子的防护强度，因此，新标准取消了该要求。

——删除了柜门推拉晃动量要求（见 2001 年版的 5.2.8）

原来条文（2001 年版）
5.2.8 柜门锁闭时，柜门在开启边的推拉晃动量应不大于 1mm。

【条文说明】柜门的推拉晃动量与缝隙、对角线偏差、平面度均属于产品的工艺质量参数，由供需双方共同商定，新标准不进行规定。

——删除了搁板的强度要求（见 2001 年版的 5.2.9）

原来条文（2001 年版）
5.2.9 柜门内的搁板应能承受 30g/cm² 的均布载荷放置 10min，搁板及相应设施不应有损坏和明显的变形。

【条文说明】不同防护级别的保险柜中，存放何种物品属供需双方确定，不属于本标准规定的内容。

——修改了附加装置的要求（见 5.2.4，2001 年版的 5.2.10 和 5.6）

修改前（2001 年版）	修改后（2019 年版）
5.2.10 防盗保险柜按需要可装入报警等附加装置，但附加装置的装入不应降低防盗保险柜的抗破坏功能。 5.6 附加装置 5.6.1 报警等附加装置应符合各自的技术标准，性能稳定，不应产生误动作。 5.6.2 附加装置的电源应与 5.5 相适配。采用单独电源时，应符合 5.5 的要求。	5.2.4 防盗保险柜按需要可增加防火、防磁、防水、防潮、防辐射、报警、监控、联网等附加功能，但附加功能的增加应不降低防盗保险柜的安全级别。

【条文说明】防盗保险柜最主要的性能是防盗要求，其他功能的加入不能降低其防盗性能。

——修改了主电源电压要求（见 5.4.1，2001 年版的 5.5.2）

修改前（2001 年版）	修改后（2019 年版）
5.5.2 在使用交流 220V 供电方式为主电源时，应有备用电源（可充电蓄电池或一次性电池）。在主电源额定电压值的 85%～110% 范围内工作正常，在供电部分应有过流保护装置。	5.4.1 电源的功率、能耗以及环境适应性与安全性要求，应满足相应的产品技术要求，主电源的电压在 85%～115% 变化范围内应能正常工作。

——修改了欠压有关要求（见 5.4.2，2001 年版的 5.5.6 和 5.5.7）

修改前（2001 年版）	修改后（2019 年版）
5.5.6 备用电源的额定容量应足够 36h 的正常操作。 5.5.7 防盗保险柜使用直流供电时，在电源电压降至规定的告警电压时应能发出欠压告警。在欠压告警后，电源应仍能满足 36h 的正常操作。	5.4.2 防盗保险柜应使用 36V 以下的直流电压，在电源电压降至规定的告警电压时应能发出欠压告警。在欠压告警后，电源应仍能满足 36h 或 200 次的正常操作。

——增加了外部应急电源接口要求（见5.4.7）

增加条文
5.4.7 内部电池作为主电源时，应具有外部应急电源接口。

【条文说明】便于产品的实际使用。

——修改了抗破坏试验的方法（见6.5，2001年版的6.7）

修改前（2001年版）	修改后（2019年版）
6.7 抗破坏试验 6.7.1 试验的目的是对防盗保险柜的抗破坏能力作出评价。由两名具有熟练操作技能、通晓防盗保险柜结构的试验人员组成试验小组。试验小组应根据产品图纸和对样品的实际观察和对结构的分析、研究，找出薄弱环节，制定试验方案。 6.7.2 按各类防盗保险柜规定的使用工具，对样品进行攻击。未能在规定的净工作时间内，进入样品柜内，则样品的抗破坏性能符合该类防盗保险柜的要求。 6.7.3 试验小组按本标准4.1规定的各类防盗保险柜允许使用的工具，对样品进行下列一种或全部破坏方式的试验。 a）在柜门上打孔，打到锁盒、锁舌、承载杆或机构的其他关键部位，再用拨、戳、撬、冲以及探出密码等方法，使闭锁机构失效，打开柜门。 b）敲击密码盘、锁头，钻、冲锁轴或锁芯等，然后用撬拨工具松开闭锁机构，打开柜门。 c）破坏柜外器件或在柜门、柜体上打孔，触及电路关键部位，用更改密码或使密码失效等方法打开柜门；或施加外电源，使控制电路失效或产生误动作，打开柜门。 d）使用合适的扳手、钳子、撬棒及套	6.5 抗破坏试验 6.5.1 试验准备 由两名具有熟练操作技能、了解防盗保险柜结构的试验人员组成试验小组。试验小组应根据产品图纸和对样品的实际观察和对结构的分析、研究，找出薄弱环节，制定试验方案。 6.5.2 进入方式 6.5.2.1 防盗保险柜进入方式 对于高度小于或等于450mm的防盗保险柜应先进行自由跌落试验，从3m高度对样品进行1次自由跌落到水泥地面，跌落后使用普通手工工具进行6.5.3.1中规定的破坏，判定打开柜门或进入的净工作时间是否符合5.5.1的要求。 然后按各类防盗保险柜在表4中对应安全级别规定的破坏工具和净工作时间，按照6.5.3规定的破坏方法对样品进行攻击，未能打开柜门或进入，判定样品的抗破坏性能是否符合5.5.2的要求。 **表4　防盗保险柜的进入方式** （见下表）

表4　防盗保险柜的进入方式

安全级别	进入方式	破坏工具
A10	在柜门、柜体上造成38cm² 开口的净工作时间大于或等于10min	普通手工工具、便携式电动工具、磨头
A15×1	在柜门上造成38cm² 开口的净工作时间大于或等于15min，柜体符合A10级别的抗破坏性能要求	
A15	在柜门、柜体上造成38cm² 开口的净工作时间大于或等于15min	

修改前（2001年版）	修改后（2019年版）
筒、套管，对门栓控制手把施加压力，使门栓退缩，打开柜门。 e）用凿子、楔块、大锤打击门隙、扩大门隙。用撬棒、楔块、凿子等撬打柜门，破坏门体、门栓、铰链，打开柜门。 f) 可在门栓对应的门框侧面打孔，使冲杆能冲及门栓，打击门栓，使门栓退出锁闭位置，再撬开柜门。 g）在柜体表面，用各类防盗保险柜规定的工具，錾切、钻排孔，锯、磨、气割以及撬扒、锤击等方法，打开大于规定形状和面积的通孔。 6.7 4 B类防盗保险柜的防破坏试验，可以使用割炬。每次试验使用的氧气和燃气的总量限制在28m³以内。 6.7 5 C类防盗保险柜的防破坏试验，可以使用爆炸物。每次试验使用的总量不超过标准TNT炸药227g，爆炸物一次填充量应不多于标准TNT炸药113g。 6.7 6 C类防盗保险柜采用爆炸物、割炬和其他规定工具配合使用进行防破坏试验时，可在柜体和柜门上进行预试验，以确定爆炸破坏所需要的破坏点，再做全面试验。 6.7 7 抗破坏试验方式并非限于上述方式，试验小组可以选择其他方式，对薄弱部位，包括安装附加装置的部位进行攻击。	6.5.2.2 自动柜员机防盗保险柜进入方式 自动柜员机防盗保险柜功能性开口经过对应安全级别规定的时间和工具破坏试验后应不能通过测试体，其他部分进入方式及抗破坏性能应符合6.5.2.1的要求。 6.5.2.3 组装式防盗保险柜进入方式 组装式防盗保险柜的柜体和连接部分进入方式及抗破坏性能均应符合6.5.2.1的要求。 6.5.2.4 投入式防盗保险柜进入方式 投入式防盗保险柜的柜体和开口进入方式及抗破坏性能均应符合6.5.2.1的要求，且破坏试验中不能从开口钩、夹、粘取内部物品。 6.5.3 破坏方法 6.5.3.1 常规破坏 试验小组按表4规定的各类防盗保险柜允许使用的工具，对样品进行下列一种或全部破坏方法的试验： a) 在柜门上开孔，打到锁盒、锁舌、承载杆或机构的其他关键部位，再用拨、戳、撬、冲以及探出密码等方法，使闭锁机构失效，打开柜门； b) 敲击密码盘、锁头、钻、冲锁轴或锁芯等，然后用撬拨工具松开闭锁机构，打开柜门； c) 破坏柜外器件或在柜门、柜体上打孔，触及电路关键部位，用更改密码或使密码失效等方法打开柜门；或施加外电源，使控制电路失效或产生误动作，打开柜门； d) 使用合适的扳手、钳子、撬棒及套筒、套管，对门栓控制手把施加压力，使门栓退缩，打开柜门； e) 用凿子、楔块、大锤打击门隙、扩大门隙。用撬棒、楔块、凿子等撬打柜门，破坏门体、门栓、铰链，打开柜门； f) 在门栓对应的门框侧面打孔，使冲杆能冲及门栓，打击门栓，使门栓退出锁闭位置，再撬开柜门； g) 在柜体表面，用各类防盗保险柜规定的工具，錾切、钻排孔，锯、磨以及撬扒、锤击等方法，打开大于规定形状和面积的通孔。 6.5.3.2 割炬破坏 B类和C类防盗保险柜的抗破坏试验，可以使用割炬，每次试验使用的氧气和燃气的总量应限制在28m³以内。

续　表

修改前（2001 年版）	修改后（2019 年版）
	6.5.3.3 爆炸物破坏
	C 类防盗保险柜使用爆炸物进行抗破坏试验时，进行爆炸试验不能在使用割炬和其他规定工具进行破坏的样品上进行，应另外准备一个新的样品使用爆炸物进行试验，每次试验使用总量应小于或等于 227g 当量的爆炸物分两次进行，试验爆炸物一次填充量应小于或等于 113g，爆炸试验前允许在柜体上开孔以安放爆炸物，开孔时间应小于或等于本级别规定时间的 20%。
	6.5.3.4 破坏方法组合
	抗破坏试验方式并非限于 6.5.3.1~6.5.3.3 方式，试验小组可选择其他方式，对薄弱部位，包括安装附加装置的部位进行攻击。并允许在执行一个破坏方案后，可选择第二个方案。

【条文说明】试验强调了针对薄弱部位进行攻击，以验证柜体各部分均达到本标准规定的性能要求，并且针对四类不同的保险柜均指出其薄弱部位，便于进行重点防护。

——修改了产品标志的内容（见第 8 章，2001 年版的 8.1）

修改前（2001 年版）	修改后（2019 年版）
8.1 标志	8 标志
产品应有清晰、牢固的标志。标志应有以下内容：	8.1 产品应有清晰、牢固的标志，标志应至少有以下内容：
a）应有商标、产品名称、执行标准及符合 4.2 的产品标记，并有柜体质量及容积。	a）产品名称；
b）应有企业名称、原产地，并有详细的地址。	b）商标（或企业名称）；
c）在柜门内应牢固设置标牌，标牌应包括操作说明、警示说明及出厂编号、生产日期。	c）执行标准；
	d）出厂编号及生产日期；
	e）符合 4.2 的产品标记；
	f）质量及容积；
	g）涉及人身安全的应有警示说明。
	8.2 标志用纸、塑料、金属材料制作，应固定在柜内明显位置上。
	8.3 产品应有防盗保险柜产品安全级别标识，使用金属材料制作，用胶黏剂或铆钉固定在柜内明显位置上，样式参见附录 A。

——增加了防盗保险柜产品安全级别标识（见附录 A）

增加条文

附录 A（资料性附录）

防盗保险柜产品安全级别标识

防盗保险柜产品安全级别标识样式见图 A.1（白底黑字），字号和字体见表 A.1，产品根据其安全级别在对应的安全级别单元格内画"√"。

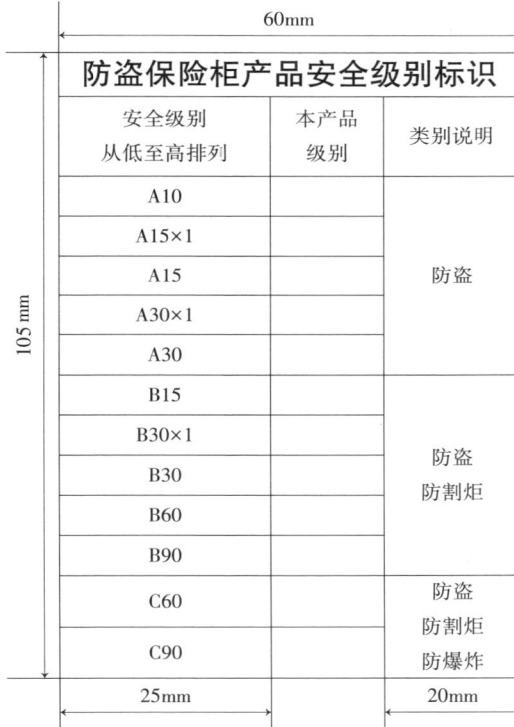

图 A.1 防盗保险柜产品安全级别标识样式

表 A.1 防盗保险柜产品安全级别标识字号和字体

位置	文字内容	字号和字体
标题	防盗保险柜产品安全级别标识	小四号黑体
表头	从低至高排列	六号宋体加粗
	安全级别、本产品级别、类别说明	五号宋体加粗
表中	安全级别栏单元格	小四号宋体加粗
	本产品级别栏单元格	小四号宋体加粗
	类别说明栏单元格	五号宋体加粗

请注意本文件的某些内容可能涉及专利。本文件的发布机构不承担识别这些专利的责任。

本标准由中华人民共和国公安部提出并归口。

本标准起草单位：上海迪堡安防设备有限公司、国家安全防范报警系统产品质量监督检验中心（上海）、公安部第三研究所、国家安全防范报警系统产品质量监督检验中心（北京）、宁波永发智能安防科技有限公司、南京东屋电气有限公司、上海杰宝大王企业发展有限公司、宁波市镇海神舟锁业有限公司、上海堡垒实业有限公司、宁波双九箱柜有限公司、宁波艾谱实业有限公司、广州广电运通金融电子股份有限公司、深圳怡化电脑股份有限公司、浙江广纳工贸有限公司。

本标准主要起草人：徐志伟、李剑、卢鑫法、邱日祥、鲍世隆、鲍逸明、曹忠伟、闵浩、徐尧、吴其良、徐真轶、黄伟明、曹君、魏东、杨捷、唐江涛。

起草人	个人简介
徐志伟	毕业于上海交通大学，1984 年从事保险柜（箱）产业的工作，并担任上海实用金属器具总厂厂长、上海新海保险箱厂厂长，1987 年开始任中外合资上海铁猫保险箱有限公司总经理，上海迪堡大王保险箱有限公司、上海迪堡安防设备有限公司董事长、总经理，从事保险柜（箱）的技术研发，引进出口生产制造市场营销至今三十余年，参加了国际防盗保险柜、行标防盗保险箱、工信部家用保管箱等标准的修订工作，并被聘为中国安防协会专家组专家，中国安防认证中心专家组专家。
李剑	上海交通大学工学博士，公安部第三研究所副研究员，全国安全防范报警系统标准化技术委员会实体防护设备分技术委员会（SAC/TC100/SC1）秘书长，全国安全防范报警系统标准化技术委员会委员，主要从事科研项目管理研究、科研信息化研究和工程、安全防范技术国家标准、行业标准的制修订、审查、管理以及科研工作。作为主要起草人制修订国家和行业标准 8 项，包括国家标准《防盗保险柜（箱）》（GB 10409）、《防盗安全门通用技术条件》（GB 17565）、《金库门通用技术要求》（GB 37481-2019），行业标准《银行保管箱》（GA/T 501-2020）、《防爆炸透明材料》（GA 667-2020）、《防爆安全门》（GA/T 1707-2020）、《实体防护产品防弹性能分类及测试方法》（GA/T 1709-2020）等。近年来共发表论文 11 篇，其中 SC 收录 2 篇，EI 收录 5 篇，中文核心 2 篇，参与编著著作 4 部。
卢鑫法	国家安全防范报警系统产品质量监督检验中心（上海）高级工程师。

续 表

起草人	个人简介
邱日祥	国家安全防范报警系统产品质量监督检验中心（北京）实体防护检测部主任，公安部第一研究所副研究员，1998年硕士毕业于北京理工大学，一直从事安防产品的研发、检测工作，现为公安部银行安全防范专家、公安部装备财务专家、中国安防协会安防实体防护专家、全国安全防范报警系统标准化技术委员会实体防护设备分技术委员会（SAC/TC100/SC1）专家、北京市安防协会专家，参与了《银行业安全防范建设指南》《警用防护装备效能评价技术》《公安装备标准技术基础知识》等专著的编写及《银行营业场所安全防范要求》（GA38-2015）、《银行自助设备、自助银行安全防范要求》（GA745-2017）、《银行自助设备防护舱安全技术要求》（GA/T 1337-2016）等安防标准的制修订，发表了多篇相关学术论文。
鲍世隆	毕业于中国科技大学，担任公安部第三研究所原六室主任、副研究员、注册ASE。现为全国安全防范报警系统标准化技术委员会实体防护设备技术委员会（SAC/TC100/SC1）顾问、中国银行业协会顾问、中国建筑业协会智能建筑分会专家委顾问委员、中国农业银行总行保卫部特聘专家、中国安全防范产品行为协会专家委员会专家、中国自动化学会智能委员会专家、上海市智能建筑专家委员会特邀专家等。参加过十多项国标、行标、地标编制，系主要起草人。获公安部、国家技术监督局科技进步一等奖、四等奖。参加多项国标、行标、地标专家审定会。参加多项科研项目研制；数百项智能建筑、安防工程设计、施工、总装调试、方案评审、验收、评标。参加多册技术书籍编制，发表论文30余篇。
鲍逸明	国家安全防范报警系统产品质量监督检验中心（上海）常务副主任。
曹忠仟	永发集团副总、教授级高级工程师、硕士生导师、国家标准化技术委员会委员、全国质量奖评审专家，中国安全防范产品行业协会专家委员会专家，科技部评审专家，海军装备评审专家，长三角质量专家。
闵浩	毕业于东南大学无线电工程系，1988年于东南大学电子工程系任教，1991年创立南京东屋电气有限公司，现为国家标准委员会TC100实体安防分技术委员会专家委员，欧盟CEN TC263 WG3专家委员，参与多项中国实体安防产品国家标准的制定以及欧盟EN 1300高安全锁具标准的制定。
徐尧	上海杰宝大王企业发展有限公司总工程师。
吴其良	从事高安全锁具研发三十余年，现任宁波神舟锁业技术总监，宁波市大榭保险箱（柜）协会理事单位，宁波市安防协会理事单位，中国日用五金技术开发中心第五、六、七届制锁专家委员，浙江省锁业协会高级技术顾问，北京市锁业协会专家委员，北京市锁业协会名誉会长，山西省锁业协会技术标准专家委员，广东耐特锁业有限公司高级技术顾问。参与《机械防盗锁》（GA/T 73-2015）标准起草制定。
徐真轩	上海堡垒实业有限公司董事长。

起草人	个人简介
黄伟明	毕业于浙江大学管理学院，工程师职称。1993 年以来从事保险柜产业，先后担任宁波双九箱柜有限公司销售副总、总经理、党支部书记。并先后参加了行标 166-2006，工信部《家用保险箱》及《防盗保险柜（箱）》（GB10409-2019）的标准制修订工作，并被聘为全国安全防范报警系统标准化技术委员会实体防护设备分技术委员会（SAC/TC100/SC1）专家委员、中国安全防范产品行业协会安防实体专家组专家、中国安全技术防范认证中心专家组专家。
曹君	宁波艾谱实业有限公司总经理、董事长、机电工程师，从事保险箱行业 28 年，创造国内多个知名保险箱品牌，现任宁波大榭开发区保险箱行业协会副会长、全国安全防范报警系统标准化技术委员会实体防护设备分技术委员会（SAC/TC100/SC1）委员，曾参与制订《防盗保险箱》（GA 166-2006）行业标准。
魏东	广州广电运通金融电子股份有限公司副总经理。
杨捷	深圳怡化电脑股份有限公司高级工程师。
唐江涛	浙江广纳工贸有限公司总经理。

本标准所代替标准的历次版本发布情况为：

——GB 10409-1989

标准号	GB 10409-1989
中文名称	防盗保险柜
英文名称	Burglary resistant safes
起草单位	公安部安全与警用电子产品质量检测中心
起草人	郝文起
发布时间	1988 年 12 月 16 日
实施时间	1989 年 09 月 01 日
作废日期	2002 年 04 月 01 日
主要内容	主要参照《防盗保险柜》UL 687（1983），《组合锁》UL 768（1979），规定了装有机械和电子密码锁，并带报警装置的防盗保险柜技术要求与试验方法。
适用范围	适用于内部容积小于 1 立方米的各种类型的防盗保险柜。

——GB 10409-2001

标准号	GB 10409-2001
中文名称	防盗保险柜
英文名称	Burglary resistant safe
起草单位	上海迪堡大王保险箱有限公司、公安部安全防范报警系统产品质量监督检验测试中心、中国安防产品行业协会秘书处
起草人	徐志伟、牟晓生、江昌洪、卢蠡法、顾菊兴
发布时间	2001 年 10 月 24 日
实施时间	2002 年 04 月 01 日
主要内容	本标准不再规定防盗保险柜必须安装报警装置；对防盗保险柜的安全性能进行了分级，而不再对产品划分合格品、一等品和优等品；对原标准的技术要求和试验方法的内容进行了细化和补充，如：对原标准的 A 类产品细分为 A1、A2；B 类产品细分为 B1、B2、B3；对柜门之间的间隙按柜体高度分别作出了规定；对电子密码锁的密钥量，增加了"可任意变码"的要求和"抗电磁干扰"要求与试验方法；增加了"检验项目表"等。
适用范围	本标准规定了防盗保险柜的分类、技术要求、试验方法、检验规则及标志、包装、运输和贮存。 本标准适用于防盗保险柜的生产和检验，也适用于附有报警、防火及遥控等功能的防盗保险柜。

【条文说明】前言中有许多信息内容。例如：

(1) 标准结构的说明；宣贯材料的前言；

(2) 编制依据及起草规则；

(3) 代替其他文件的说明；

(4) 与国内、国外文件关系的说明；

(5) 有关专利的说明；

(6) 提出或归口单位的信息；

(7) 起草单位和主要起草人的信息；

(8) 代替的历次版本发布情况的信息。

第一章　范　围

一、内容简介

本章是标准的必要内容，包括说明本标准的主要编写内容，以及标准的适用对象，相关的产品也可以参照执行。

二、条文及条文说明

【条文】本标准规定了防盗保险柜（箱）（以下简称防盗保险柜）的术语和定义、产品分类分级和标记、技术要求、试验方法、检验规则及标志、包装、运输和贮存。

本标准适用于防盗保险柜、防盗保险箱、自动柜员机防盗保险柜、组装式防盗保险柜、投入式防盗保险柜的设计、制造、检验。

【条文说明】明确本标准规定的具体范围内容，也明确本标准适用的范围：适用于防盗保险柜、防盗保险箱、自动柜员机防盗保险柜、组装式防盗保险柜、投入式防盗保险柜的设计、制造、检验。

第二章　规范性引用文件

一、内容简介

本章列举了本标准中规范性引用的文件清单，这些文件是本标准应用必不可少的文件，文件清单按照先国家标准、后行业标准，并按照标准顺序号排列。

二、条文及条文说明

【条文】下列文件对于本文件的应用是必不可少的。凡是注日期的引用文件，仅注日期的版本适用于本文件。凡是不注日期的引用文件，其最新版本（包括所有的修改单）适用于本文件。

漆膜附着力测定法（GB/T 1720-1979）

本标准里引用该标准的条款	被引用标准中的条款（GB/T 1720-1979）
5.1.3 柜体外表面涂层应均匀，不得有明显的裂痕、气泡、斑点等缺陷。以同样工艺制作的样板，不低于按GB/T 1720-1979 漆膜附着力测定法测定的 5 级。	三、评级方法 以样板上划痕的上侧为检查的目标，依次标出 1、2、3、4、5、6、7 七个部位。相应分为七个等级。按顺序检查各部位的漆膜完整程度，如某一部位的格子有 70% 以上完好，则定为该部位是完好的，否则应认为坏损。例如，部位 1 漆膜完好，附着力最佳，定为一级；部位 1 漆膜坏损而部位 2 完好，附着力次之，定为二级。依次类推，七级为附着力最差。

本标准里引用该标准的条款	被引用标准中的条款（GB/T 1720-1979）
6.1.3 表面镀（涂）层检验 在样品上提取有表面镀层的零件，制作与样品表面漆膜（喷塑膜）同样工艺的试验样板，分别按 GB/T 10125-2012 与 GB/T 1720-1979 进行试验，判定结果是否符合 5.1.2 和 5.1.3 的要求。	二、测定方法 按《漆膜一般制备法》（GB 1727-1979）在马口铁板上（或按产品标准规定的底材）制备样板 3 块，待漆膜实干后，于恒温恒湿的条件下测定。测前先检查附着力测定仪的针头，如不锐利应予更换：提起半截螺帽（7），抽出试验台（6），即可换针。当发现划痕与标准回转半径不符时，应调整回转半径，其方法是松开卡针盘（3）后面的螺栓、回转半径调整螺栓（4），适当移动卡针盘后，依次紧固上述螺栓，划痕与标准圆滚线图比较，如仍不符应重新调整回转半径，直至与标准回转半径 5.25 毫米的圆滚线相同为调整完毕。测定时，将样板正放在试验台（6）上，拧紧固定样板调整螺栓（5）、（8）和调整螺栓（10），向后移动升降棒（2），使转针的尖端接触到漆膜，如划痕未露底板，应酌加砝码。按顺时针方向，均匀摇动摇柄（11），转速以 80～100 转/分为宜，圆滚线划痕标准图长为 7.5±0.5 厘米。向前移动升降棒（2），使卡针盘提起，松开固定样板的有关螺栓（5）、（8）、（10），取出样板，用漆刷除去划痕上的漆屑，以四倍放大镜检查划痕并评级。

《计数抽样检验程序　第 1 部分：按接收质量限（AQL）检索的逐批检验抽样计划》（GB/T 2828.1-2012）

本标准里引用该标准的条款	被引用标准中的条款（GB/T 2828.1-2012）
7.1.1 型式检验抽样按 GB/T 2828.1-2012 中有关规定执行。	8 样本的抽取 8.1 抽取样本的方法 应按简单随机抽样从批中抽取作为样本中的单位产品。但是，当批由子批或（按某个合理的准则识别的）层组成时，应使用按比例配置的分层抽样，在此情形下，各子批或各层的样本量与其大小成比例。 8.2 抽取样本的时间 样本可在批生产出来以后或在批生产期间抽取。两种情形均应按 8.1 抽取样本。 8.3 二次或多次抽样 使用二次或多次抽样时，每个后继的样本应从同一批的剩余部分中抽取。

《金属基体上金属和其他无机覆盖层 经腐蚀试验后的试样和试件的评级》（GB/T 6461-2002）

本标准里引用该标准的条款	被引用标准中的条款（GB/T 6461-2002）
5.1.2 零件的表面镀层应均匀一致，外露部位不得有明显的焦斑、起泡、剥落、划痕等缺陷。应能按 GB/T 10125-2012，经受 24h 的中性盐雾试验，并按 GB/T 6461-2002 判定阴极性和/或阳极性的覆盖层不低于 5 级。	6.1 保护评级（R_P）的表示 数字评级体系基于出现腐蚀的基体面积，其计算公式如下： $$R_P = 3（2-\log A）\cdots\cdots（1）$$ 式中： R_P——化整到最接近的整数，如表 1 所列； A ——基体金属腐蚀所占总面积的百分数。 注 1：在某些情况下，可能难以计算出准确的面积，尤其是深度加工的试样如螺纹、孔等，在这种情况下检查者要尽可能精确地估计此面积。 对缺陷面积极小的试样，严格按公式（1）计算将导致评级大于 10。因此，公式（1）仅限于面积 $A>0.046416\%$ 的试样。通常，对没有出现基体金属腐蚀的表面，人为规定为 10 级。如果需要，可用分数值区分如表 1 所列评级之间的各种评级。 注 2：当采用某些对基体金属呈阳极性的覆盖层体系时，由于覆盖层形成大量的腐蚀产物，可能难以评价出真实的保护评级数，由于这些腐蚀产物的高粘附性，它们会掩盖基体腐蚀的真实面积。例如，暴露于含盐气氛中的钢上锌覆盖层，虽然本标准可用于对钢上锌覆盖层的性能进行评级，但是在一些环境中可能难以确定其保障评级。 如缺陷集中，可采用附录 A 和附录 B 所列的圆点图或照片标准，也可用 1mm×1mm，2mm×2mm 或 5mm×5mm 的柔性网板评价腐蚀面积。 如果要在同一时间检查一大组试样，建议按公式（1）逐一评价。当全组试样评级结束后，应该对各个评级进行复查，以确保每一个评级都能真实反映试样的缺陷程度。复查起到对各个评级核查的作用，并有助于保证检查者的判断或参照系不因检查过程中诸如照明条件变化或疲劳等因素而改变。 可用以下方法改进检查： a）从暴露架上逐一取出试样，然后将类同的试样进行比较； b）按优劣顺序排列所有试样。 表 1 保护评级（R_P）与外观评级（R_A） <table><tr><td>缺陷面积 $A/\%$</td><td>评级 R_P 或 R_A</td></tr><tr><td>无缺陷</td><td>10</td></tr><tr><td>$0<A\leq0.1$</td><td>9</td></tr></table>

本标准里引用该标准的条款	被引用标准中的条款（GB/T 6461-2002）	
	缺陷面积 $A/\%$	评级 R_P 或 R_A
	$0.1<A\leq0.25$	8
	$0.25<A\leq0.5$	7
	$0.5<A\leq1.0$	6
	$1.0<A\leq2.5$	5
	$2.5<A\leq5.0$	4
	$5.0<A\leq10$	3
	$10<A\leq25$	2
	$25<A\leq50$	1
	$50<A$	0
	用这种方法评定保护评级 R_P 的示例： a）轻微生锈超过表面1%，小于表面2.5%时：5/-； b）无缺陷时：10/-。	

《人造气氛腐蚀试验 盐雾试验》（GB/T 10125-2012）

本标准里引用该标准的条款	被引用标准中的条款（GB/T 10125-2012）
5.1.2 零件的表面镀层应均匀一致，外露部位不得有明显的焦斑、起泡、剥落、划痕等缺陷。应能按 GB/T 10125-2012，经受24h 的中性盐雾试验，并按 GB/T 6461-2002 判定阴极性和/或阳极性的覆盖层不低于5级。	5.2 中性盐雾试验（NSS 试验） 5.2.1 参比试样 参比试样采用4块或6块符合 ISO 3574 的 CR4 级冷轧碳钢板，其板厚1mm±0.2mm，试样尺寸为150mm×70mm。表面应无缺陷，即无孔隙、划痕及氧化色。表面粗糙度 $R_a = 0.8\mu m \pm 0.3\mu m$，从冷轧钢板或带上裁取试样。 参比试样经小心清洗后立即投入试验。除按6.2 和6.3 规定之外，还应清除一切尘埃、油或影响试验结果的其他外来物质。 采用清洁的软刷或超声清洗装置，用适当有机溶剂（沸点在60℃~120℃的碳氢化合物）彻底清洗试样。清洗后，用新溶剂漂洗试样，然后干燥。 清洗后的试样吹干称重，精确到±1mg，然后用可剥性塑料膜保护试样背面。试样的边缘也可用可剥性塑料膜进行保护。 5.2.2 参比试样的放置 试样放置在箱内四角（如果是六块试样，那么将它们放置在包括四角在内的六个不同的位置上），未保护一面朝上并与垂直方向成20°±5°的角度。

本标准里引用该标准的条款	被引用标准中的条款（GB/T 10125-2012）
	用惰性材料（如塑料）制成或涂覆参比试样架。参比试样的下边缘应与盐雾收集器的上部处于同一水平。试验时间48h。 在验证过程中与参比试样不同的样品不应放在试验箱内。
6.1.3 表面镀（涂）层检验 在样品上提取有表面镀层的零件，制作与样品表面漆膜（喷塑膜）同样工艺的试验样板，分别按 GB/T 10125-2012 与 GB/T 1720-1979 进行试验，判定结果是否符合 5.1.2 和 5.1.3 的要求。	5.2.4 中性盐雾装置的运行检验 经48h试验后，每块参比试样的质量损失在 $70g/m^2 \pm 20g/m^2$ 范围内说明设备运行正常。

《信息技术 自动柜员机通用规范　第 1 部分：设备》（GB/T 18789.1-2013）

本标准里引用该标准的条款	被引用标准中的条款（GB/T 18789.1-2013）
3 术语和定义 GB/T 18789.1-2013、GA/T 73-2015、GA 374-2001、GA 1280-2015 界定的以及下列术语和定义适用于本文件。	3.1 自动柜员机 automatic teller machine 一种组合了多种不同金融业务功能的自助服务设备，可利用该设备所提供的功能完成存款、取款、信息查询等金融服务。

《机械防盗锁》（GA/T 73-2015）

本标准里引用该标准的条款	被引用标准中的条款（GA/T 73-2015）
3 术语和定义 GB/T 18789.1-2013、GA/T 73-2015、GA 374-2001、GA 1280-2015 界定的以及下列术语和定义适用于本文件。	3.1 机械防盗锁 burglary-resistant mechanical lock 通过机械传动装置操控锁具的启闭。具有防钻、防锯、防撬、防拉、防冲击、防技术开启功能要求的机械锁。 3.7 防技术开启 professional opening resistant 抵抗锁具专业技术人员使用专用工具，运用操作手法非破坏性打开锁具的能力。

本标准里引用该标准的条款	被引用标准中的条款（GA/T 73-2015）
5.3.2.6 灵活度、耐腐蚀、差异量、互开率等技术要求应符合 GA/T 73-2015 的 B 级及以上有关要求。	5.3 灵活度 5.3.1 主锁舌灵活度 用钥匙操作主锁舌的转动扭矩应不大于 1.5N·m，主锁舌启、闭应无阻滞现象。 5.3.2 斜舌灵活度 5.3.2.1 钥匙操作斜舌扭矩 应不大于 1.5N·m，斜舌启、闭应无阻滞现象。 5.3.3 钥匙拔出静拉力 应不大于 9.8N。 5.5 耐腐蚀 锁具外露的电镀或涂装件按表 5 规定时间的中性盐雾试验后（电镀层按 GB/T 10125，涂层按 GB/T 1771 进行），电镀层的保护评级 R_P 应不低于 6 级或外观评级 R_A 应不低于 8 级；涂装件的起泡程度应不超过 ISO 4628-2：2003 中规定的密度 2 和尺寸 3 的要求。

表 5 耐腐蚀时间 单位为小时

级别	A	B	C
耐腐蚀时间	24	48	72

5.7 差异量、密钥量和互开率

5.7.1 差异量

以长度变化为差异的，其差异量应不小于 0.5mm；以角度变化为差异的，其差异量应不小于 15°。

5.7.2 理论密钥量、实际可用密钥量和互开率

理论密钥量、实际可用密钥量和互开率应符合表 7 规定。

表 7 理论密钥量、实际可用密钥量和互开率

级别	插芯式、外装式机械防盗锁理论及实际密钥量					密码式机械防盗锁	
	弹子锁理论密钥量		叶片和杠杆锁理论密钥量		互开率/%	实际可用密钥量	理论密钥量/种	实际可用密钥量
	种	差异交换数	种	差异交换数				
A	≥6×10⁴	1个	≥2.5×10⁴	1个	≤0.03	应不大于理论密钥量的40%	≥1×10⁶	应不大于理论密钥量的60%
B	≥3×10⁴	2个	≥1×10⁴	2个	≤0.01		≥1×10⁷	
C							—	

本标准里引用该标准的条款	被引用标准中的条款（GA/T 73-2015）
6.3.1.1 锁具抗攻击试验 将样品安装在测试架上（见图1），具有熟练操作技能、了解锁具结构的试验人员用GA/T 73-2015中附录B.2的试验工具，通过图1中的攻击孔进行钻、撬、拉、冲击试验，以及使用扳手或电动扳手对锁具进行强扭，判定结果是否符合5.3.1.1的要求。可多种方式安装的锁具，应对每种安装方式分别进行测试。	B.2 试验工具 试验工具包括： a）长度为300mm，直径为20mm的直头和弯头撬棍； b）长度为600mm，直径为30mm的直头和弯头撬棍； c）长度不大于380mm的各种螺丝刀； d）长度为250mm的管钳和大力钳； e）质量为1.36kg，柄长为380mm的手锤； f）规格为6.5mm的便携式电钻，直径6mm的高速钢麻花钻头； g）直径不大于3mm的钢丝制作的拨动工具； h）长度为300mm，直径分别为10mm和15mm的钢棍； i）开锁专用工具； j）长度不大于380mm的手持式钢锯，高碳钢手工锯条，规格为宽6.4mm，厚0.65mm，每25mm长度为14齿，每次试验时均要使用新锯条。
6.3.1.3 锁舌压力检验 锁舌压力试验按GA/T 73-2015中6.2.1进行，判定结果是否符合5.3.1.3的要求。	6.2.1 主锁舌强度试验 6.2.1.1 主锁舌抗侧向静压力试验 将试验样品固定在试验机工作台上，如附录A中图A.2所示，主锁舌伸出到完全锁定位置，在距锁舌面板3mm处对主锁舌逐步施加至规定的侧向静压力并保持60s，卸载后对锁进行操作试验，判定试验结果是否符合5.2.1.1的要求。 6.2.1.2 主锁舌抗轴向静压力试验 将试验样品固定在试验机工作台上，如附录A中图A.3所示，主锁舌伸出到完全锁定位置，对主锁舌顶端逐步施加至规定的轴向静压力并保持60s，卸载后测量主锁舌的回缩量，判定试验结果是否符合5.2.1.2的要求。
6.3.2.1 对码误差检验 按照5.3.2.1的要求和GA/T 73-2015中6.1.7.5进行对码误差检验，判定结果是否符合5.3.2.1的要求。	6.1.7.5 密码式机械防盗锁刻度盘转向片分度格转到尺寸试验 用手把转向片刻度盘分度格调整至超过规定值（三转向片的1.25分度格，四转向片的1.50分度格）后，然后检查密码式机械防盗锁能否打开，判定试验结果是否符合5.1.7.5的要求。
6.3.2.2 防技术开启试验 防技术开启试验按GA/T 73-2015中6.6.6进行，判定结果是否符合5.3.2.2的要求。	6.6.6 防技术开启试验 由一名专业开锁技术人员对3个试验样品进行技术开启，并记录下3个试验样品的开启时间，判定试验结果是否符合表6中的防技术开启要求。

本标准里引用该标准的条款	被引用标准中的条款（GA/T 73-2015）
6.3.2.3 密码式耐久性检验 按照 5.3.2.3 的要求和GA/T 73-2015 中 6.1.7.5 进行对码误差检验，判定结果是否符合 5.3.2.3 的要求。	6.1.7.5 密码式机械防盗锁刻度盘转向片分度格转到尺寸试验 用手把转向片刻度盘分度格调整至超过规定值（三转向片的 1.25 分度格，四转向片的 1.50 分度格）后，然后检查密码式机械防盗锁能否打开，判定试验结果是否符合 5.1.7.5 的要求。
6.3.2.4 密钥量检验 按照 5.3.2.4 的要求和GA/T 73-2015 中 6.7.2 进行密钥量检验，判定结果是否符合 5.3.2.4 的要求。	6.7.2 密钥量和互开率试验 理论密钥量试验：根据拆卸锁头确定弹子的差异量、差异个数和弹子孔数，按式（1）计算理论密钥量，判定试验结果是否符合 5.7.2 的要求。 机械防盗锁的理论密钥量按式（1）计算： $$Q = a^{n-(b-1)} \quad\quad\quad (1)$$ 式中： Q——理论密钥量； a——弹子差异的个数或叶片锁、杠杆锁的差异个数； n——弹子孔个数或叶片、杠杆的数量； b——差异交换数。 实际可用密钥量试验：根据拆卸锁头确定弹子的差异量、差异个数和弹子孔数，或检查叶片锁或杠杆锁的差异量和差异个数，检查生产用密钥量簿确定实际可用密钥量，判定试验结果是否符合 5.7.2 的要求。 密码式机械防盗锁密钥量试验：根据机械密码锁的分度格数，转向片数及其密码更换方式分别计算、确定其理论密钥和实际可变换密钥量，判定试验结果是否符合 5.7.2 的要求。 互开率试验：随机抽取 100 个锁头或整锁的样品量，由 5 人分组进行，开足试开数，总的试验时间应不大于 180min。互开率按式（2）计算，判定试验结果是否符合 5.7.2 的要求。 $$X = \frac{R}{T(T-1)} \times 100\% \quad\quad\quad (2)$$ 式中： X——互开率； R——开启次数； T——取样数量。
6.3.2.6 其余技术要求检验 按照 GA/T 73-2015 的相关试验方法，对锁具进行如下试验，判定结果是否符合	6.3 灵活度试验 6.3.1 主锁舌灵活度试验 将试验样品固定在试验夹具上，如附录 A 中图 A.15 所示，用扭力扳手夹住钥匙转动主锁舌进行开启和关闭试验，档位转动清

本标准里引用该标准的条款	被引用标准中的条款（GA/T 73－2015）
5.3.2.6 的要求： a）防盗保险柜机械锁的灵活度试验，按 GA/T 73－2015 中 6.3 进行； b）防盗保险柜机械锁的耐腐蚀试验，按 GA/T 73－2015 中 6.5 进行； c）防盗保险柜机械锁的差异量试验，按 GA/T 73－2015 中 6.7.1 进行； d）防盗保险柜机械锁的互开率试验，按 GA/T 73－2015 中 6.7.2 进行。	晰，无脱档、滑档现象，手动操作时应灵活自如，本试验应连续进行 3 次，取平均值。判定试验结果是否符合 5.3.1 的要求。 6.3.2 斜舌灵活度试验 6.3.2.1 钥匙操作斜舌扭矩试验 将试验样品固定在试验夹具上，如附录 A 中图 A.15 所示，用扭力扳手夹住钥匙转动斜舌进行开启和关闭试验，手动操作时应灵活自如，本试验应连续进行 3 次，取平均值。判定试验结果是否符合 5.3.2.1 的要求。 6.3.3 钥匙拔出力试验 将试验锁头固定在试验夹具上，锁头面朝上，钥匙插入锁芯槽里并旋转 360° 后返回原位，用推拉力计夹住钥匙柄或钩住钥匙孔并从锁芯槽里彻底地垂直拔出，此时所测出的力就是钥匙拔出力，本试验应连续进行 3 次，取平均值。判定试验结果是否符合 5.3.3 的要求。 6.5 耐腐蚀试验 按 GB/T 10125 中的中性盐雾试验方法对电镀层和 GB/T 1771 的方法对涂装层依照表 5 要求的时间进行中性盐雾试验，试验后分别按 GB/T 6461（适用于电镀层）和 ISO 4628－2：2003（适用于涂层）的相关章条进行判定，判定试验结果是否符合 5.5 的要求。 6.7.1 差异量试验 用附录 B 的测量仪器或设备对匙齿、匙窝或弹子、叶片、杠杆或转向片进行测量，判定测量结果是否符合 5.7.1 的要求。 6.7.2 密钥量和互开率试验 理论密钥量试验：根据拆卸锁头确定弹子的差异量、差异个数和弹子孔数，按式（1）计算理论密钥量，判定试验结果是否符合 5.7.2 的要求。 机械防盗锁的理论密钥量按式（1）计算： $$Q = a^{n-(b-1)} \quad\cdots\cdots\cdots\cdots\cdots\quad (1)$$ 式中： Q——理论密钥量； a——弹子差异的个数或叶片锁、杠杆锁的差异个数； n——弹子孔个数或叶片、杠杠的数量； b——差异交换数。 实际可用密钥量试验：根据拆卸锁头确定弹子的差异量、差异个数和弹子孔数，或检查叶片锁或杠杆锁的差异量和差异个数，

本标准里引用该标准的条款	被引用标准中的条款（GA/T 73-2015）
	检查生产用密钥量簿确定实际可用密钥量，判定试验结果是否符合5.7.2的要求。 密码式机械防盗锁密钥量试验：根据机械密码锁的分度格数、转向片数及其密码更换方式分别计算、确定其理论密钥量和实际可变换密钥量，判定试验结果是否符合5.7.2的要求。 互开率试验：随机抽取100个锁头或整锁的样品量，由5人分组进行，开足试开数，总的试验时间应不大于180min。互开率按式（2）计算，判定试验结果是否符合5.7.2的要求。 $$X = \dfrac{R}{T(T-1)} \times 100\% \quad \cdots\cdots\cdots\cdots (2)$$ 式中： X——互开率； R——开启次数； T——取样数量。

《电子防盗锁》（GA 374-2001）

本标准里引用该标准的条款	被引用标准中的条款（GA 374-2001）
3 术语和定义 GB/T 18789.1-2013、GA/T 73-2015、GA 374-2001、GA 1280-2015界定的以及下列术语和定义适用于本文件。	3.1 电子防盗锁 thief resistant electronic locks 以电子方式识别、处理相关信息并控制执行机构实施启闭且具有一定防破坏能力的锁。
5.3.3.11 信息保存、误识率、环境适应性、抗干扰、安全性、稳定性等技术要求应符合GA 374-2001的B级有关要求。	4 产品的安全分级 产品按机械强度、环境试验的严酷等级，将产品的安全级别由低到高分为A、B两级。 5 技术要求 5.3 信息保存 电子防盗锁在电源不正常、断电或更换电池时，锁内所存的信息不应丢失。 5.4 误识率 电子防盗锁的误识率不大于1%。 5.7 环境适应性要求 5.7.1 气候环境适应性 电子防盗锁在表1规定的严酷等级条件下，应能正常工作。 按表1规定的条件进行试验，每项试验后对功能进行检查，各

本标准里引用该标准的条款	被引用标准中的条款（GA 374-2001）		
	项功能应正常。		

表1　气候环境试验要求

试验项目	严酷等级		状　态
	A 级	B 级	
高温试验	55℃±2℃ 2h		加电状态
低温试验	−10℃±2℃ 2h	−25℃ 2h	不加电状态
恒定湿热试验	RH（93±2）% 40℃±2℃ 48h		不加电状态

5.7.2 机械环境适应性

电子防盗锁按表2规定进行机械环境适应性试验，每项试验后对功能进行检查，各项功能应正常。且电子防盗锁内各机械零件、部件无松动，外壳不变形、机件不损坏。

表2　机械环境试验要求

试验项目	试验条件		状态
正弦振动试验	频率循环范围	10Hz~55Hz	不加电状态
	振　幅	0.35mm	
	扫描频率	1 倍频程/min	
	振动方向	X、Y、Z 三个方向	
	在共振点上保持时间	30min	
冲击试验	加速度	150m/s² （15g）	不加电状态
	脉冲持续时间	11ms	
	脉冲次数	6 个面各三次	
	波形	半正弦波	
自由跌落试验	跌落高度	1 000mm	不加电状态
	跌落次数	水泥地面，在任意的四个面各自由跌落 1 次	
注1：跌落试验只对有键盘盒、个人信息阅读装置等进行。			
注2：跌落试验时允许产品配用出厂包装盒。			

本标准里引用该标准的条款	被引用标准中的条款（GA 374-2001）
	5.8 抗干扰要求
	5.8.1 抗静电放电干扰
	电子防盗锁应能承受 8kV（接触）和/或 15kV（空气）的静电放电试验。试验期间不应产生误动作或功能暂时丧失而能自动恢复，试验后工作应正常。
	5.8.2 抗射频电磁场辐射干扰
	电子防盗锁应能承受频率范围为 80MHz~1000MHz（调制频率为1kHz，调制度为80%）的射频电磁场辐射干扰试验，试验场强为 10V/m。试验期间不应产生误动作，试验后工作正常。
	磁卡、IC 卡、TM 卡应具有上述条件下的抗电磁干扰能力，试验后不应产生数据变化或失效。
	5.8.3 抗电快速瞬变脉冲群干扰
	当采用交流电源供电时，电子防盗锁应能承受 0.5kV，重复频率为 5kHz 的电快速瞬变脉冲群干扰试验，试验期间不应产生误动作，试验后工作正常。
	5.8.4 抗电压暂降干扰
	当采用交流电源供电时，电子防盗锁电源应能承受电压降低30%、25 个周期的试验要求，试验期间不应产生误动作，试验后工作正常。
	5.9 安全性要求
	5.9.1 绝缘电阻
	电子防盗锁电源插头或电源引入端子与外壳裸露金属部件之间的绝缘电阻在正常环境下，不应小于 100MΩ，湿热条件下不应小于 10MΩ。
	5.9.2 泄漏电流
	采用交流电源供电的产品，受试样品在正常工作状态下，机壳对大地的泄漏电流应小于 5mA。
	5.9.3 抗电强度
	电子防盗锁电源插头或电源引入端子与外壳裸露金属部件之间应能承受表 3 规定的 50Hz 交流电压的抗电强度试验，历时 1min应无击穿和飞弧现象。

表 3 抗电强度试验要求

额 定 电 压		试验电压 kV
直流或正弦交流有效值 V	交流峰值或合成电压 V	
0~60	0~85	0.5

本标准里引用该标准的条款	被引用标准中的条款（GA 374—2001）		

	额 定 电 压		试验电压 kV
	直流或正弦交流有效值 V	交流峰值或合成电压 V	
	60～130	85～184	1.0
	130～250	184～354	1.5

本标准里引用该标准的条款	被引用标准中的条款（GA 374—2001）
	5.9.4 非正常操作 电子防盗锁工作在最严酷的非正常电路故障状态下，应无燃烧和/或触电的危险。 **5.9.5 阻燃** 对于采用塑料材料作为电子防盗锁的外壳或配套装置，其塑料外壳经火焰燃烧 5 次，每次 5s，不应起火。 **5.9.6 过压运行** 电子防盗锁在主电源电压为额定值的 115% 过压条件下，应能正常工作。 **5.9.7 过流保护** 电子防盗锁应具有过流保护措施，具体要求如下： a）用交流电源供电的电子防盗锁，在电源变压器初级应安装断路器或保险丝，其规格一般不大于产品额定工作电流的 2 倍； b）对要求用户安装的所有引线，应有明确的标识；当无标识时反接或错接引线，应能自动保护使产品不至于损坏。 **5.10 稳定性要求** 电子防盗锁在正常大气下连续加电 7 天，每天启、闭不少于 30 次，产品应能正常工作，不出现误动作。
6.3.3.11 其余技术要求检验按照 GA 374—2001 的相关试验方法，对锁具进行如下试验，判定结果是否符合 5.3.3.11 的要求： ——防盗保险柜电子锁的信息保存试验，按 GA 374—2001 中 6.3 进行； ——防盗保险柜电子锁的误识率试验，按 GA 374—2001 中 6.4 进行； ——防盗保险柜电子锁的环	**6.3 信息保存要求试验** 人为使电子防盗锁电源断电 5min，然后恢复供电。结果应符合 5.3 的规定。 **6.4 误识率试验** 采用概率统计的方法进行，用不少于 5 种非本产品的"钥匙"进行试验，要求最少试验 1000 次，试验结果应满足 5.4 的规定。 **6.6 环境适应性试验** 在进行环境适应性试验时，除非另有规定，受试样品不应加任何防护包装。试验中改变温度时，升温和降温速率不应超过 2℃/min。 **6.6.1 高温试验** 受试样品在正常大气条件下测其功能正常，受试样品放入高温

本标准里引用该标准的条款	被引用标准中的条款（GA 374-2001）
境适应性试验，按 GA 374-2001 中 6.6 进行； ——防盗保险柜电子锁的抗干扰性试验，按 GA 374-2001 中 6.7 进行； ——防盗保险柜电子锁的安全性试验，按 GA 374-2001 中 6.8 进行； ——防盗保险柜电子锁的稳定性试验，按 GA 374-2001 中 6.9 进行。	箱内，通电处于工作状态，使箱内温度上升至表 1 规定值，恒温到规定时间后，立即进行锁具的启、闭试验，工作应正常。 **6.6.2 恒定温热、绝缘电阻、抗电强度试验** 将受试样品放入潮热试验箱内，样品处于非工作状态，使箱内温度升到 40℃±2℃，然后使湿度达到 RH（93±2）%，平衡后开始计时，维持此值 48h 后，在箱内通电进行功能检查，锁具启、闭应正常。然后从箱内取出受试样品立即测量其绝缘电阻和抗电强度，应满足 5.9.1 和 5.9.3 的要求，试验过程中应防止受试样品凝露。 潮热试验和抗电强度试验后样品应在正常大气条件下恢复 2h，然后检查样品表面涂覆情况并立即进行锁具的启、闭试验，工作应正常。 **6.6.3 低温试验** 将受试样品放入低温箱内（不加电），并使箱内温度降至表 1 中的规定值，试验箱温度稳定后，恒温 2h，通电检查锁具的启、闭功能，工作应正常。试验过程中应防止受试样品结霜。 **6.6.4 正弦振动试验** 将受试样品按正常位置固定在振动台上，按表 2 规定的 X、Y、Z 三个方向分别在 10Hz～55Hz 范围内进行正弦振动试验，如果有共振点，则在此频率上振动 30min，如果无共振点，则在 35Hz 频率点上振动 30min，共 90min。试验后检查外观及锁具的启、闭功能，工作应正常。 **6.6.5 冲击试验** 将受试样品按正常位置固定在冲击台上，按照表 2 的规定，在 X、Y、Z 三个轴向各冲击三次。试验后检查外观及锁具的启、闭功能，工作应正常。 **6.6.6 自由跌落试验** 按表 2 的规定进行自由跌落试验，试验时可使用出厂包装盒防护，试验后应能正常工作，并且无机件松动、位移和损坏，机壳不应变形。 **6.7 抗干扰试验** **6.7.1 静电放电干扰试验** 受试样品按 GB/T 17626.2 中规定的方法进行试验，试验结果应满足 5.8.1 的要求。 **6.7.2 射频电磁场辐射干扰试验** 受试样品按 GB/T 17626.3 中规定的方法进行试验，试验期间不应出现误动作，试验结果应满足 5.8.2 的要求。

本标准里引用该标准的条款	被引用标准中的条款（GA 374-2001）
	6.7.3 电快速瞬变脉冲群干扰试验
	受试样品按 GB/T 17626.4 中规定的方法进行试验，试验期间不应出现误动作，试验结果应满足 5.8.3 的要求。
	6.7.4 电压暂降试验
	受试样品按 GB/T 17626.11 中规定的方法进行试验，试验期间不应出现误动作，试验结果应满足 5.8.4 的要求。
	6.8 安全性试验
	6.8.1 绝缘电阻测量
	用 500V 精度 1.0 级的兆欧表，测量受试样品的电源插头或电源引入端子与外壳上裸露金属零部件之间的绝缘电阻。受试样品的电源开关处于接通位置，但电源插头不接入电网，施加 500V 试验电压稳定 5s 后，读取绝缘电阻值，应符合 5.9.1 的要求，试验后受试样品应能正常工作。
	6.8.2 泄漏电流测量
	按 GB 6587.7-1986 中 3.3 规定的方法进行试验，结果应符合 5.9.2 的要求。
	6.8.3 抗电强度试验
	受试样品的电源插头或电源引线与机壳上裸露金属零部件之间，用功率不小于 500VA、频率 50Hz 的可调电源馈给试验电压，试验电压以 200V/min 的速率升至 5.9.3 中表 3 规定值并保持 1min，试验结果应符合 5.9.3 的要求。
	6.8.4 非正常操作试验
	对采用交流电源供电的电子防盗锁施加额定电源电压的 110%，然后人为地使电子锁电源变压器次级短路 1h，在故障状态下受试样品不应燃烧，也不能使人有触电的危险。
	6.8.5 阻燃试验
	用本生灯，燃烧气体为丁烷加空气，火焰直径 9.5mm，火焰高度 125mm，其中蓝色火焰高度 40mm，火焰与受试样品的夹角为 45° 选择受试样品的不同部位共烧 5 次，每次 5s 不应烧着起火。
	6.8.6 过压运行试验
	受试样品在电源电压额定值的 115% 条件下工作，以不间断的方式连续启、闭电子防盗锁 50 次，受试样品应能正常工作。
	6.8.7 过流保护试验
	a）检测变压器输入端应有保险丝，其容量规格应为整机工作电流额定值的 2 倍；
	b）引线端碰触或相邻接线柱错接，除可产生断路器或保险丝熔断外，不能产生内部电路损坏情况。

本标准里引用该标准的条款	被引用标准中的条款（GA 374-2001）
	6.9 稳定性试验 将受试样品按使用说明书的要求正确连接，并施加额定电源电压，每天至少启、闭试验 30 次，连续工作 7 天，工作应正常，不出现误动作。

《自动柜员机安全性要求》（GA 1280-2015）

本标准里引用该标准的条款	被引用标准中的条款（GA 1280-2015）
3 术语和定义 GB/T 18789.1-2013、GA/T 73-2015、GA 374-2001、GA 1280-2015 界定的以及下列术语和定义适用于本文件。	3.1.1 自动柜员机 automatic teller machine 组合了多种不同金融业务功能的自助服务设备，客户可利用该设备自行完成存款、取款、转账、信息查询和其他代理业务等银行柜台服务，包括自动取款机、存取款一体机。 3.1.8 安全重锁装置 safety locking device 锁定机构遭到破坏性开启时，能阻止锁定机构运动，使门不被开启的装置。

【条文说明】本章根据 GB/T 1.1-2009 的相关规定，对正文及规范性附录中引用到的标准在此章中列出。并按照先国家标准后行业标准及标准号由小到大的顺序排列。其中注日期的引用标准，是指仅对注日期的版本适用于本标准。凡是不注日期的引用标准，是指其最新版本（包括所有的修改单）适用于本标准。

本标准中共引用了 8 项标准，其中 5 项国家标准、3 项行业标准。

第三章　术语和定义

一、内容简介

本章将标准中所涉及的需作说明的名词术语列出，并进行定义或注释。

二、条文及条文说明

【条文】　GB/T 18789.1－2013、GA/T 73－2015、GA 374－2001、GA 1280－2015 界定的以及下列术语和定义适用于本文件。

【条文说明】　本章将本标准中所提及的需作说明的名词术语列出并进行定义或注释，对其他通用标准中早已定义或业界使用频率较高、范围较广和已经约定俗成的术语，本标准也不再定义，以免重复和累赘，且会给使用者带来不便。故在本章最前面的引导语中也明确规定："GB/T 18789.1－2013、GA/T 73－2015、GA 374－2001、GA 1280－2015 界定的术语和定义适用于本文件。"

本标准是对 GB 10409－2001 及 GA 166－2006 的修订，所以对原标准中定义的名词术语合理条款予以保留，也进行了必要的修改或个别文字的修饰，使定义更确切。例如：3.14、3.15，原来的版本中"……的圆形开口"，现改为"……的圆形穿透性开口"，使描述更为确切；"3.21 爆炸物"中对炸药的密度范围作了规定等。

本章除对 3.1 防盗保险柜（箱）的定义之外，还增加了目前常用的自动柜员机防盗保险柜、组装式防盗保险柜、投入式防盗保险柜的定义。根据增加的修订内容和需要，本章中还新增加了一些名词术语。例如：3.9钥匙，已不是原来的概念，除以往常用的机械钥匙外，还有更广义的"钥匙"，如数字钥匙、人体生物特征钥匙，等等；3.10 门栓机构、3.11 重锁装置、3.22 测试体、3.23 功能性开口、3.24 防技术开启等，是因新增内容的需要而增加的。

对防盗保险柜（箱）上使用的锁，定义中专门在"锁"的前面加上了"防盗保险柜"的限定词。意指对使用在"防盗保险柜"上的锁不能采用市面上一般的锁，而要采用防盗保险柜上专用的锁（3.6~3.9），这样才能保证柜（箱）的整体抗击破坏的能力。

在测试中使用的破坏工具的定义中，根据目前的发展情况，规定了便携式电动工具的参数、修改并增加了专用便携式电动工具的种类，并明确了各种专用便携式电动工具的参数（3.16~3.21）。

【条文】3.1 防盗保险柜（箱）burglary-resistant safe

在规定时间内抵抗本标准规定条件下非正常进入的各类柜（箱）。

【条文说明】3.1 术语所述防盗保险柜（箱）（见图1），是指柜体内外无通道，柜体无须组装的独立完整防盗保险柜（箱），在规定的时间内采用第六章的检验办法，达到第五章的技术要求。

图1 防盗保险柜

【条文】3.2 自动柜员机防盗保险柜 burglary-resistant automatic teller machines（ATM）safe

自动柜员机中用于存放现金/票据处理等模块的防盗保险柜。

【条文说明】3.2 一种高度精密的机电一体化装置，能实现金融交易的自助服务，代替银行柜面人员工作的自动柜员机，其中用于存放现金、票据等模块的防盗保险柜，见图2。在规定的时间内采用第六章的检验办法，达到第五章的技术要求。

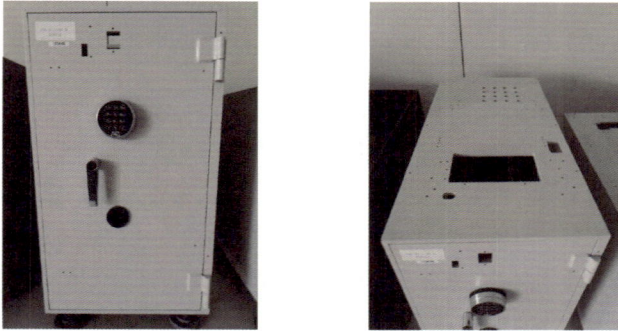

图2　ATM保险柜

【条文】3.3 组装式防盗保险柜 burglary-resistant assembled safe
柜体可以拆卸、拼装的防盗保险柜。

【条文说明】3.3 柜体可以拆解，也能组装的防盗保险柜。组装后的防盗保险柜，能保证正常使用，在规定的时间内采用第六章的检验办法，达到第五章的技术要求。

【条文】3.4 投入式防盗保险柜 burglary-resistant self-service deposit safe
具有安全投入口的防盗保险柜。

【条文说明】3.4 物品只能进入且不能从入口取物的防盗保险柜，见图3。连通柜体内外的非直接通道，通过钢丝、绳索等工具进入柜体，通过钩、夹、吸，箱体测斜倒置，不能直接提取柜内存放物的防盗保险柜。在规定的时间内采用第六章的检验办法，达到第五章的技术要求。

图3　投入式保险柜

【条文】3.5 安全级别 safety class

防盗保险柜（箱）抗破坏性能的分级。以在规定的破坏工具作用下，防盗保险柜（箱）薄弱环节能抵抗非正常进入的净工作时间的长短来分级。

【条文说明】见 3.13。

【条文】3.6 防盗保险柜锁 lock for burglary-resistant safe

在防盗保险柜（箱）上使用的，防钻、防撬、防拉、防冲击、防强扭、防技术开启、密钥量等达到本标准规定技术要求的，具有锁定装置且独立启闭的锁具。

【条文说明】3.6 防盗保险柜锁是在防盗保险柜（箱）上安装使用的锁具，这个锁可以是电子锁或者是机械锁，均要有一定的密钥量，机械锁还要保证互开率不能太高，要有锁体，要有锁定装置，并能独立启闭，并且该锁具除要满足 GA/T 73-2015 标准规定的强度要求外，还应满足安装在柜体上后抵抗使用工具进行强扭矩开启的要求。

【条文】3.7 防盗保险柜机械锁 mechanical lock for burglary-resistant safe

通过机械装置实现锁具密钥比对，采用机械传动装置实现启闭的防盗保险柜锁，包括钥匙式和密码式等。

【条文说明】3.7 通过机械装置实现锁具密钥比对，采用机械传动装置实现启闭的防盗保险柜锁，包括钥匙式和密码式，如安装电子元器件须按电子保险柜进行检测，见图 4、图 5、图 6、图 7。

图 4　机械防盗锁

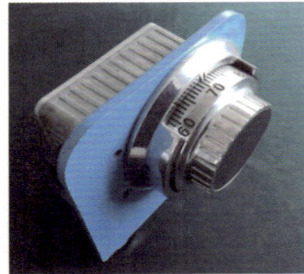

图 5　机械密码锁

图6　盒式机械锁

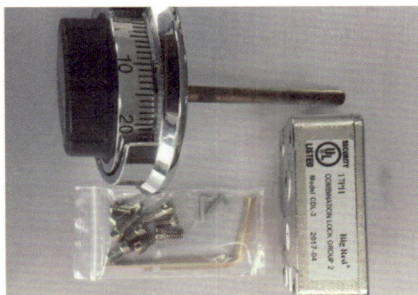

图7　盒式机械密码锁

【条文】3.8 防盗保险柜电子锁 electronic lock for burglary-resistant safe
通过电子系统实现锁具密钥比对，采用机电方式实现启闭的防盗保险柜锁。

【条文说明】3.8 通过电子系统实现锁具密钥比对，采用机电方式实现启闭的防盗保险柜锁，见图8、图9。

图8　电子防盗锁

图9　盒式电子锁

【条文】3.9 钥匙 key
用来控制防盗保险柜锁的密钥信息或密钥信息载体。
注：可分为机械钥匙、数字钥匙、生物钥匙。

【条文】3.10 门栓机构 bolt work
使防盗保险柜（箱）门保持关闭或开启状态的部件。

【条文】3.11 重锁装置 relocking device

门栓机构和锁具遭到破坏性开启时，能阻止门栓机构运动或门被开启的保护机构。

【条文】3.12 进入 forced entry

在抗破坏试验中，防盗保险柜（箱）在规定的净工作时间内，按规定要求打开柜（箱）门或在柜（箱）门、柜（箱）体上开出一个不小于规定面积的穿透性开口。

【条文】3.13 净工作时间 net working time

实际的破坏攻击时间，不包括试验准备时间及试验过程中可能延误的时间。

【条文】3.14 $13cm^2$ 开口 $13cm^2$ opening

面积为 $13cm^2$，最小边长为 25mm 的矩形开口，或最小高为 25mm 的三角形开口，或直径为 41mm 的圆形穿透性开口。

【条文】3.15 $38cm^2$ 开口 $38cm^2$ opening

面积为 $38cm^2$，最小边长为 38mm 的矩形开口，或最小高为 51mm 的三角形开口，或直径为 70mm 的圆形穿透性开口。

【条文】3.16 普通手工工具 common hand tool

包括凿子、冲头、楔子、螺丝刀、钢锯、扳手、钳子、质量小于或等于 3.6kg 的铁锤、长度小于或等于 1.5m 直径小于或等于 25mm（或者相等截面积）的撬扒工具，以及带有一个或多个钩子或其他装置的绳索、金属线或类似物品。

【条文说明】普通手工工具，见图 10。

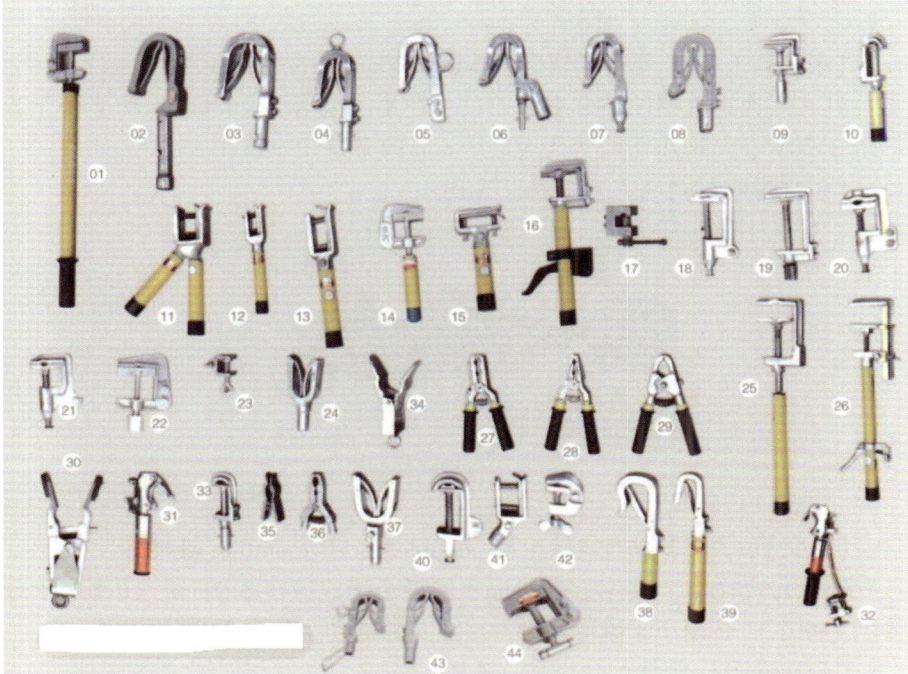

图 10 普通手工工具

【条文】3.17 便携式电动工具 portable electric tool

钻头直径小于或等于 12.7mm、功率小于或等于 1800W 的便携式手持电钻；冲头直径小于或等于 25.4mm、功率小于或等于 2400W 的便携式电动冲击锤及加压装置。

【条文说明】便携式电动工具，见图 11。

图 11 便携式电钻

【条文】3.18 专用便携式电动工具 specific portable electric tool

便携式切割机、便携式砂轮机、电锯的总称。

【条文】3.18.1 便携式切割机 portable cutting machine

具有高速钢、镶硬质合金刀齿且直径小于或等于 203mm、功率小于或等于 2400W、转速小于或等于 8000r/min 的手持切割机。

【条文说明】便携式切割机，见图 12。

图 12　便携式切割机

【条文】3.18.2 便携式砂轮机 portable abrasive cutting wheel

砂轮片直径小于或等于 203mm、厚度小于或等于 3.2mm、功率小于或等于 2400W、转速小于或等于 8000r/min 的电动手持盘形砂轮机。

【条文说明】便携式砂轮机，见图 13。

图 13　便携式砂轮机

【条文】3.18.3 电锯 electric saw

圆锯、锯孔锯、往复锯的总称。

【条文】3.18.3.1 圆锯 circular saw

具有高速钢或镶硬质合金刀齿、圆锯片直径小于或等于 203mm、功率小于或等于 2400W、转速小于或等于 5000r/min 的电动锯。

【条文说明】圆锯，见图14。

图 14　圆锯

【条文】3.18.3.2 锯孔锯 hole saw

具有高速钢或镶硬质合金的刀齿、孔直径小于或等于76mm，并与3.17 的电钻配合使用的用来切割孔的圆柱形锯装置。

【条文说明】锯孔锯，见图15。

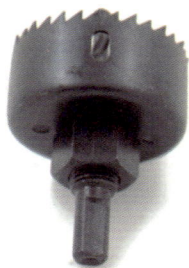

图 15　锯孔锯

【条文】3.18.3.3 往复锯 reciprocating saw

具有高速钢或镶硬质合金刀齿的、功率小于或等于2400W 的手持往复锯装置。

【条文说明】往复锯，见图16。

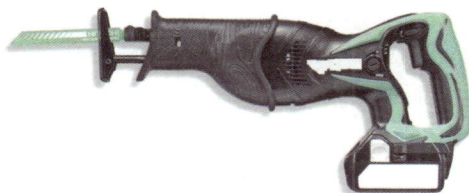

图 16　往复锯

【条文】 3.19 磨头 grinding point

转速为 14000r/min～22000r/min 且功率小于或等于 1440W 的电驱动的锥形、盘形、圆柱形及类似形状的磨削工具。

【条文】 3.20 割炬 cutting torch

氧-乙炔割炬，切割低碳钢的厚度大于或等于 3mm、最大厚度小于或等于 30mm 的手工射吸式割炬。

【条文】 3.21 爆炸物 explosive

TNT 炸药（密度为 $1.55g/cm^3$～$1.60g/cm^3$）或具有相当爆炸当量的其他炸药。

【条文】 3.22 测试体 test body

长为 150mm、截面积为 $125cm^2$ 的刚性体，截面要求为最小边长为 100mm 的矩形，或边长为 112mm 的正方形，或直径为 126mm 的圆形。

【条文】 3.23 功能性开口 functional opening

防盗保险柜（箱）上为特殊功能而预设的开口。

【条文】 3.24 防技术开启 professional-tools resistant opening

抵抗锁具专业技术人员使用专用工具，运用操作手法非破坏性打开锁具的能力，见图 17。

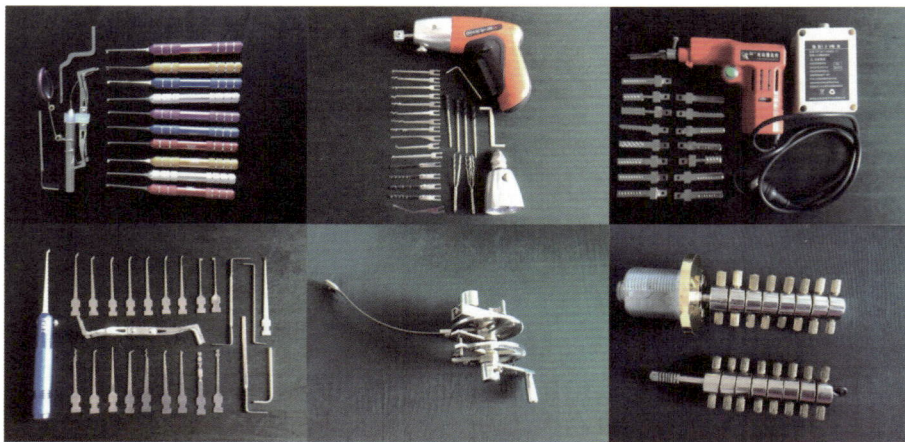

图 17 技术开启工具

第四章　产品分类分级和标记

一、内容简介

本章规定了防盗保险柜（箱）的分类、分级和产品标记。

二、条文及条文说明

【条文】4.1 产品分类与分级

防盗保险柜按照抵抗破坏所使用的破坏工具不同分为 A、B、C 三类，按照破坏所需的净工作时间分为 12 个安全级别，详细内容见表 1。

表 1　产品分类分级表（GB 10409-2019 中为表 1）

分类	安全级别	净工作时间 min	破坏工具
A	A10	≥10	普通手工工具、便携式电动工具、磨头
	A15×1	≥15（柜门面）， ≥10（其余各面）	
	A15	≥15	
	A30×1	≥30（柜门面）， ≥15（其余各面）	柜门面：普通手工工具、便携式电动工具、磨头、专用便携式电动工具；其余各面：普通手工工具、便携式电动工具、磨头
	A30	≥30	普通手工工具、便携式电动工具、磨头、专用便携式电动工具

分类	安全级别	净工作时间 min	破坏工具
B	B15	≥15	普通手工工具、便携式电动工具、磨头、专用便携式电动工具、割炬
	B30×1	≥30（柜门面）， ≥15（其余各面）	
	B30	≥30	
	B60	≥60	
	B90	≥90	
C	C60	≥60	普通手工工具、便携式电动工具、磨头、专用便携式电动工具、割炬、爆炸物
	C90	≥90	

注1：本表中安全级别（分类与分级）由低向高顺序排列，即 A30×1 高于 A15，B15 高于 A30，C60 高于 B90。

注2：防盗保险柜除柜门面外，其余各面的抗破坏性能较柜门面低一级别的用"×1"表示。若标记中没有"×1"，表明该防盗保险柜各面抗破坏性能一致。

注3：B 类在 A 类基础上增加割炬的破坏工具；C 类在 B 类基础上增加爆炸物的破坏工具。

【条文说明】 各破坏工具的定义见第三章的规定。

普通手工工具包括凿子、冲头、楔子、螺丝刀、钢锯、扳手、钳子、质量小于或等于 3.6kg 的铁锤、长度小于或等于 1.5m 直径小于或等于 25mm（或者相等截面积）的撬扒工具，以及带有一个或多个钩子或其他装置的绳索、金属线或类似物品。

便携式电动工具为钻头直径小于或等于 12.7mm、功率小于或等于 1800W 的便携式手持电钻；冲头直径小于或等于 25.4mm、功率小于或等于 2400W 的便携式电动冲击锤及加压装置。

专用便携式电动工具为便携式切割机、便携式砂轮机、电锯的总称。便携式切割机为具有高速钢、镶硬质合金刀齿且直径小于或等于 203mm、功率小于或等于 2400W、转速小于或等于 8000r/min 的手持切割机。便携式砂轮机为砂轮片直径小于或等于 203mm、厚度小于或等于 3.2mm、功率小于或等于 2400W、转速小于或等于 8000r/min 的电动手持盘形砂轮机。电锯为圆锯、锯孔锯、往复锯的总称。圆锯为具有高速钢或镶硬质合金刀齿、圆锯片直径小于或等于 203mm、功率小于或等于 2400W、转速小于或等于 5000r/min 的电动锯。锯孔锯为具有高速钢或镶硬质合金的刀齿、孔直径小于或等于 76mm，并与 3.17 的电钻配合使用的用来切割孔的圆柱形锯装置。往复锯为具有高速钢或镶硬质合金刀齿的、功率小于或等于 2400W 的手持往复锯装置。

【条文】4.2 产品标记

产品标记如下：

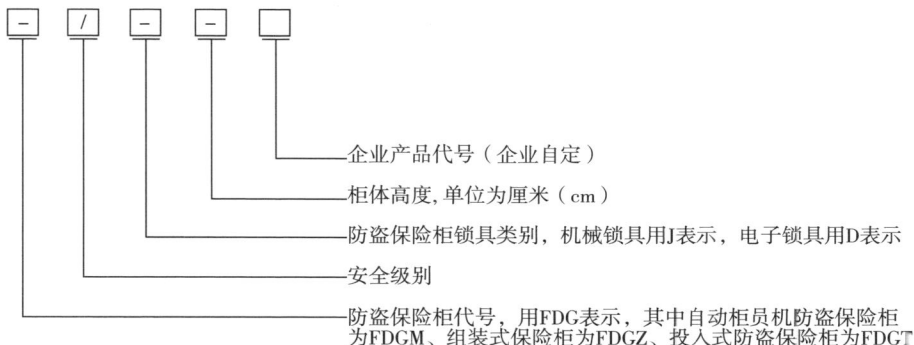

示例 1：FDG-A30×1/J-85-001　表示柜体高度为 85cm、安全级别为 A30×1 的装有防盗保险柜机械锁的企业产品代号为 001 的防盗保险柜。

示例 2：FDG-C60/D-50-002　表示柜体高度为 50cm、安全级别为 C60、装有防盗保险柜电子锁、企业产品代号为 002 的防盗保险柜。

示例 3：FDGM-C60/D-100-003　表示柜体高度为 100cm、安全级别为 C60、装有防盗保险柜电子锁、企业产品代号为 003 的自动柜员机防盗保险柜。

示例 4：FDGZ-C60/D-150-004　表示柜体高度为 150cm、安全级别为 C60、装有防盗保险柜电子锁、企业产品代号为 004 的组装式防盗保险柜。

示例 5：FDGT-B60/D-110-005　表示柜体高度为 110cm、安全级别为 B60、装有防盗保险柜电子锁、企业产品代号为 005 的投入式防盗保险柜。

【条文说明】柜体高度为柜体净高度，即不包括脚、装饰物、吊环等附属物的高度。

第五章　技术要求

一、内容简介

本章对标准中所涉及的需做说明的名词术语列出，并进行定义或注释。

二、条文及条文说明

1. 基本要求

【条文】5.1.1 所有的钢铁零、部件表面（不锈钢、抛光件和用于混凝土中的零件除外）都应采取防腐措施。防腐措施包括氧化、电镀、喷涂等各种防腐处理。

【条文说明】5.1.1（各种防腐处理）增加了如电容、UV等处理工艺。

【条文】5.1.2 零件的表面镀层应均匀一致，外露部位不得有明显的焦斑、起泡、剥落、划痕等缺陷。应能按 GB/T 10125-2012，经受 24h 的中性盐雾试验，并按 GB/T 6461-2002 判定阴极性和/或阳极性的覆盖层不低于5级。

【条文】5.1.3 柜体外表面涂层应均匀，不得有明显的裂痕、气泡、斑点等缺陷。以同样工艺制作的样板，不低于按 GB/T 1720-1979 漆膜附着力测定法测定的5级。

【条文说明】5.1.2、5.1.3（镀层应均匀一致）不排除出于提升艺术性和装饰性而采用的不影响使用和质量的其他先进工艺。

【条文】5.1.4 应有结构设计的图纸和安装、使用说明书。

【条文说明】5.1.4 指保险柜（箱）的安装和使用说明书。

【条文】5.1.5 防盗保险柜的功能，包括安装、柜门的启闭、密码的更换、附加装置的使用、欠压指示等，应符合第 5 章和产品使用说明书的要求。

【条文】5.1.6 外形尺寸偏差应符合表 2 的规定。

表 2　外形尺寸偏差（GB 10409–2019 中为表 2）　　单位为毫米

外形尺寸 a	偏差
a<500	≤±1.5
500≤a<800	≤±2.5
800≤a<1000	≤±3.5
a≥1000	≤±5

【条文说明】5.1.6 外形尺寸偏差指柜体的净高度、净宽度、净深度的偏差，不适用于脚垫、脚轮等附属物。

2. 结构要求

【条文】5.2.1 安全级别低于 B60 的防盗保险柜至少应配置一套防盗保险柜锁，安全级别 B60（含）以上防盗保险柜至少应配置两套防盗保险柜锁，其中 C 类防盗保险柜应采用 1 级密码式防盗保险柜机械锁或防盗保险柜电子锁。

【条文说明】5.2.1 ①防盗保险柜（箱）上安装的锁具均应符合 5.3 的要求，含各种应急锁、副锁等。

②安全级别低于 B60 的 8 个级别的防盗保险柜（箱）（包括 B30、B30×1、B15、A30、A30×1、A15、A15×1、A10），每种级别的防盗保险柜（箱）至少安装一套按标准中 5.3 要求的防盗保险柜锁（防盗保险柜机械锁或防盗保险柜电子锁）。

③安全级别 B60（含）以上的 4 个级别的防盗保险柜（箱）（包括 B60、B90、C60、C90），每种级别的防盗保险柜（箱）至少安装二套符合标准中 5.3 要求的防盗保险柜锁（防盗保险柜机械锁或防盗保险柜电子锁），其中 C 类的防盗保险柜（箱）需安装 1 级密码式防盗保险柜机械锁或防盗保险柜电子锁的组合（如需 1 级密码式防盗保险柜机械锁+钥匙式

防盗保险柜机械锁的组合；或防盗保险柜电子锁+钥匙式防盗保险柜机械锁的组合；或 1 级密码式防盗保险柜机械锁+防盗保险柜电子锁）。

【条文】5.2.2 防盗保险柜的质量小于 340kg 时，应配备固定件，并应有指导防盗保险柜固定的说明书。

【条文说明】5.2.2 重量小于 340kg 的防盗保险柜（箱）应配备固定件，如膨胀螺栓等。产品中应有安装说明书。

【条文】5.2.3 除自动柜员机防盗保险柜外，柜门和门框之间应没有进入柜内的直接通道。防盗保险柜上开功能孔的，从开孔位置应不能看见门栓机构，且开孔位置应不降低该部位的抗破坏性能。

【条文】5.2.4 防盗保险柜按需要可增加防火、防磁、防水、防潮、防辐射、报警、监控、联网等附加功能，但附加功能的增加应不降低防盗保险柜的安全级别。

【条文说明】5.2.4 在防盗的基础上可增加防火、防磁、防水、防潮、防辐射、报警、监控、联网等附加功能，但附加功能的增加不能降低防盗保险柜的安全级别。例如，A10 级别的防盗保险柜（箱）可增加防火功能，但产品的抗破坏性能不应低于 A10 级别的有关规定。

3. 防盗保险柜锁要求
（1）基本要求。
【条文】5.3.1.1 防盗保险柜锁的锁具防钻、防撬、防拉、防扭、防冲击性能应达到净工作时间 15min 以上。

【条文说明】5.3.1.1《机械防盗锁》（GA/T 73-2015）标准中规定了防破坏净工作时间：

B 级：防钻 15min、防撬 15min、防拉 15min、防冲击 15min。

本标准新增了防强扭净工作时间达到 15min 的要求。

通过《机械防盗锁》（GA/T 73-2015）标准附录 B 所规定的工具，按6.3.1 进行试验，判定实验对象是否符合本标准的要求。

介绍附录 B，常用检测试验主要工具，见图 1~图 9。

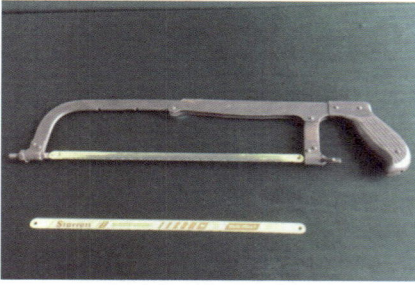

图1　380mm 手持式钢锯，高碳钢手工
锯条，每工作 2.5 分钟换一条新锯条

图2　质量为 1.36Kg，柄长为 380mm 的
手锤配合撬棍、錾子、穿芯螺丝刀试验

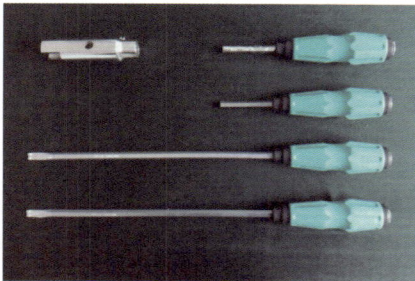

图3　长度不大于 380mm 的各种螺丝刀

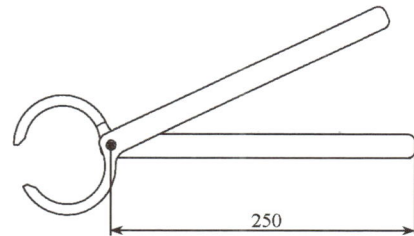

图4　长度为 250mm 的管钳和大力钳

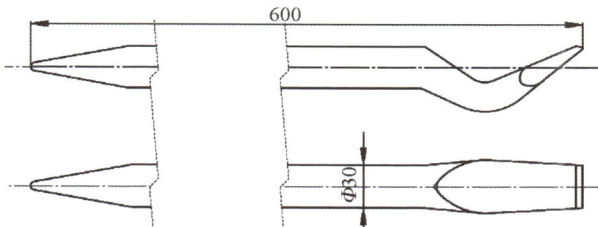

图5　长度为 600mm，直径为 30mm 的直头和弯头撬棍

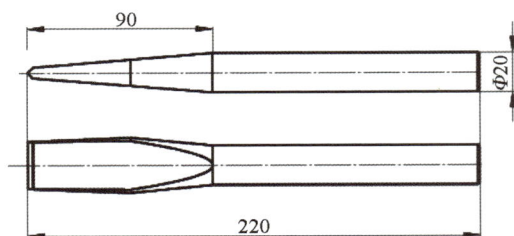

图 6　錾子

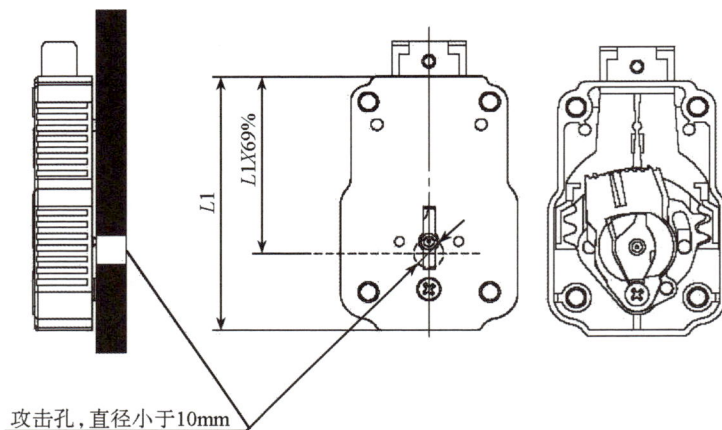

攻击孔，直径小于10mm

图 7　直径为 6.5mm 的便携式电钻

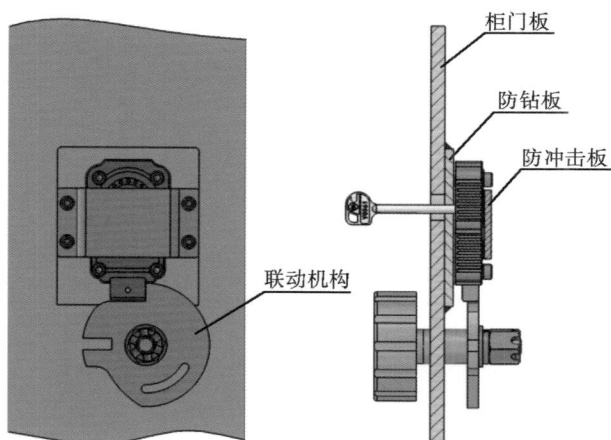

图 8 盒式防盗锁安装示意图

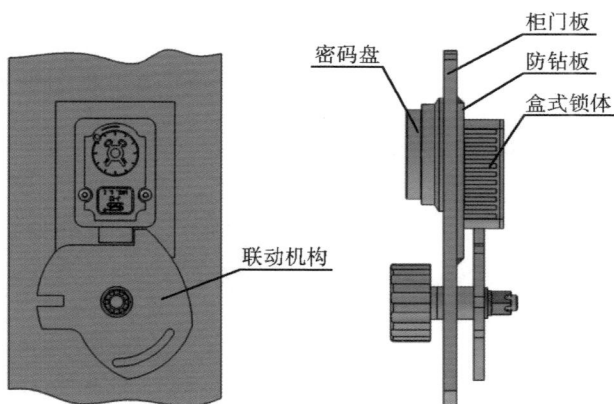

图 9 机械密码锁安装示意图

【条文】5.3.1.2 锁舌锁定部分的长度应大于或等于9mm。

【条文说明】5.3.1.2 结合《机械防盗锁》（GA/T 73-2015）中的第 6.1.4判定试验结果是否符合本标准的要求。

6.1.4 锁舌伸出长度试验

把锁具安装在专用夹具上，将锁舌完全伸出，以锁舌面板为基准用精度为 0.02mm 的高度尺测量主锁舌、钩舌/爪舌、斜舌的伸出顶端至锁面板之间的距离，即为锁舌伸出长度。判定试验结果是否符合5.1.4的要求。

【条文】5.3.1.3 锁舌经轴向 980N、侧向 1470N 的压力试验后，应能正常使用，见图 10。

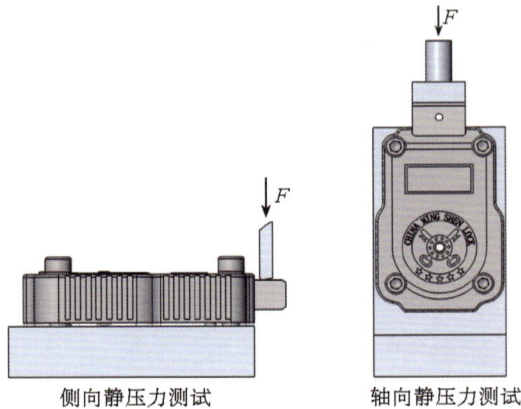

侧向静压力测试　　　　　　　　　轴向静压力测试
图 10　压力测试示意图

【条文说明】5.3.1.3 结合《机械防盗锁》（GA/T 73-2015）标准第 6.2.1 对锁具进行操作试验，判定试验结果是否符合本标准的要求。

【条文】5.3.1.4 锁具经 1m 高自由跌落后应能正常工作。

【条文说明】5.3.1.4 主要考虑产品搬运、安装过程中遭到跌落的现象，按 5.3.1.4 自由跌落试验将锁具任意面向下（除锁舌外）从 1m 高处跌落到水泥地面上 10 次后，检查锁具的工作情况，判定结果是否符合本标准的要求。

【条文】5.3.1.5 锁具应可正常启闭 10000 次且无任何故障。

【条文说明】5.3.1.5 按照使用说明书对锁具进行连续开启一万次试验，记录试验过程中的现象，判定其结果是否符合本标准的要求。

【条文】5.3.1.6 对锁具 6 个方向施加 50_{-5}^{0}g 冲击，冲击过程中锁具不得自行开启。

【条文说明】5.3.1.6 对锁具 6 个方向施加 50_{-5}^{0}g 的冲击（10 次），冲击过程中锁具不得自行开启，主要是针对瞬态振动开启攻击，比如用大型皮榔头敲击振动，见图 11。

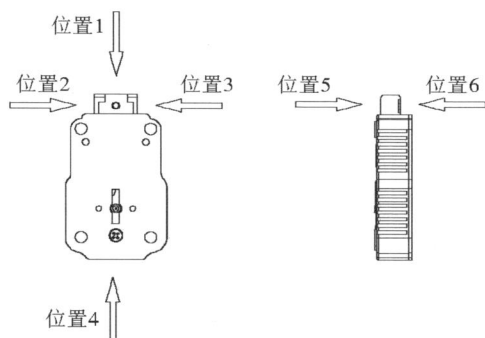

图 11 对锁具 6 个方向施加冲击

防盗保险柜用锁具基本要求参考了部分国际标准的内容，本标准条款与国际标准相应条款的对照见下表。

GB 10409 条目	引用或参照标准
5.3.1.1	参照 DIN EN 1300　8.2.2.5
5.3.1.2	引用 DIN EN 1300　Annex D
5.3.1.4	引用 DIN EN 1300　8.2.6.2.4
5.3.1.5	引用 DIN EN 1300　5.3.1
5.3.1.6	引用 DIN EN 1300　8.2.6.2.4

（2）防盗保险柜机械锁。

【条文】5.3.2.1 密码式防盗保险柜机械锁由高到低分为 1 级和 2 级两个防护级别，其对码误差符合：

a）1 级三转向片密码式防盗保险柜机械锁最大允许偏差应小于或等于 1 个刻度，1 级四转向片密码式防盗保险柜机械锁最大允许偏差应小于或等于 1.25 个刻度，超过最大允许偏差时锁具不能被打开。

b）2 级三转向片密码式防盗保险柜机械锁最大允许偏差应小于或等于 1.25 个刻度，2 级四转向片密码式防盗保险柜机械锁最大允许偏差应小于或等于 1.5 个刻度，超过最大允许偏差时锁具不能被打开。

【条文说明】5.3.2.1 a）例如，设定三转向片密码 60、30、90。操作第一盘 59~61 范围外、第二盘 29~31 范围外、第三盘 89~91 范围外锁具不应被打开。四转向片密码也是一样的，超过设定密码值的正负 1.25 个刻度，锁具不应被打开。

b）同 1 级一样，2 级三转向片密码式防盗保险柜机械锁、2 级四转向片密码式防盗保险柜机械锁超过设定密码值的正负 1.25 个刻度时，锁具不应被打开。

【条文】5.3.2.2 钥匙式防盗保险柜机械锁的防技术开启时间应大于或等于 30min，1 级密码式防盗保险柜机械锁的防技术开启时间应大于或等于 20h，2 级密码式防盗保险柜机械锁的防技术开启时间应大于或等于 2h。

【条文说明】5.3.2.2 防盗保险柜机械锁防技术开启（指抵抗锁具专业技术人员使用专用工具，运用操作手法进行非破坏性打开锁具的能力）要求，钥匙式防盗保险柜机械锁的防技术开启时间应大于或等于 30min。相对于 GA/T 73 的 5.6 中表 6 所示 A 级为 1min、B 级为 5min、C 级为 10min，本条款规定的要求有较大提升。

【条文】5.3.2.3 转盘密码式防盗保险柜机械锁应能承受以小于或等于 48 圈/min 的速度做密码组合的操作，累计转动圈数应大于或等于 10000 圈，试验后锁具的对码误差应符合 5.3.2.1 的要求。

【条文说明】5.3.2.3 所说的对码误差即（1 级）三盘正负 1 格，四盘正负 1.25 格，（2 级）三盘正负 1.25 格，四盘正负 1.5 格，见图 12。

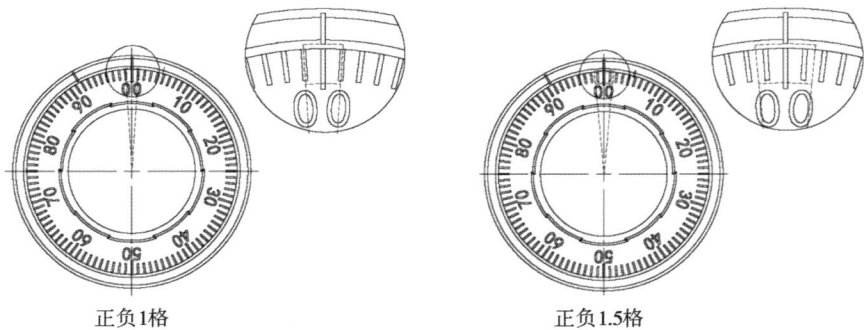

正负1格　　　　　　　　　　　　　　　　正负1.5格
图 12　转盘密码式防盗保险柜机械锁

【条文】5.3.2.4 三转向片密码式防盗保险柜机械锁的理论密钥量应大于或等于 10^6，四转向片密码式防盗保险柜机械锁的理论密钥量应大于或等于 10^7，实际密钥量应大于或等于理论密钥量的 60%。

【条文说明】5.3.2.4 三转向片密码式防盗保险柜机械锁的理论密钥量应大于或等于 10 的 6 次方（100 万），四转向片的理论密钥量应大于或等于 10 的 7 次方（1000 万），实际密钥量应大于或等于理论密钥量的 60%

（60 万、600 万）。

【条文】5.3.2.5 对锁具任意方向施加频率为 4Hz ~ 50Hz、振幅为 0.254mm、跳频间隔为 1Hz 的扫描振动，在共振频率点振动 2h，如无共振点时则在 50Hz 处振动 2h，振动过程中锁具不得自行开启。

注：共振点为振动过程中锁具内锁定部件的振动幅度达到最大幅度的一半及以上。

【条文说明】5.3.2.5 对锁具任意方向施加频率为 4Hz ~ 50Hz，振幅为 0.254mm、跳频间隔为 1Hz 的扫描振动，在共振频率点振动 2h（如无共振点时则在 50Hz 处振动 2h），振动过程中锁具不得自行开启。

【条文】5.3.2.6 灵活度、耐腐蚀、差异量、互开率等技术要求应符合 GA/T 73-2015 的 B 级及以上有关要求。

【条文说明】5.3.2.6 灵活度、耐腐蚀、差异量、互开率等技术要求应符合《机械防盗锁》（GA/T 73-2015）标准的 B 级及以上有关要求。

GA/T 73-2015 原文如下：

5.3 灵活度

5.3.1 主锁舌灵活度

用钥匙操作主锁舌的转动扭矩应不大于 1.5N·m，主锁舌启、闭应无阻滞现象。

5.3.2 斜舌灵活度

5.3.2.1 钥匙操作斜舌扭矩

应不大于 1.5N·m，斜舌启、闭应无阻滞现象。

5.3.2.2 执手操作斜舌扭矩

应不大于 3N·m，斜舌启、闭应无阻滞现象。

5.3.2.3 斜舌轴向缩进静压力

应在 2.5N ~ 9.8N。

5.3.2.4 斜舌闭合静压力

应不大于 49N。

5.3.3 钥匙拔出静拉力

应不大于 9.8N。

5.5 耐腐蚀

锁具外露的电镀或涂装件按表 5 规定时间的中性盐雾试验后（电镀层按 GB/T 10125，涂层按 GB/T 1771 进行），电镀层的保护评级 R_p

应不低于 6 级或外观评级 R_A 应不低于 8 级；涂装件的起泡程度应不超过 ISO 4628-2：2003 中规定的密度 2 和尺寸 3 的要求。

表 5　耐腐蚀时间（GA/T 73-2015 中为表 5）　　　单位为小时

级别	A	B	C
耐腐蚀时间	24	48	72

5.7　差异量、密钥量和互开率

5.7.1　差异量

以长度变化为差异的，其差异量应不小于 0.5mm；以角度变化为差异的，其差异量应不小于 15°。

5.7.2　理论密钥量、实际可用密钥量和互开率

理论密钥量、实际可用密钥量和互开率应符合表 7 规定。

表 7　理论密钥量、实际可用密钥量和互开率（GA/T 73-2015 中为表 7）

级别	插芯式、外装式机械防盗锁理论及实际密钥量						密码式机械防盗锁	
	弹子锁理论密钥量		叶片和杠杆锁理论密钥量		互开率/%	实际可用密钥量	理论密钥量/种	实际可用密钥量
	种	差异交换数	种	差异交换数				
A	$\geqslant 6\times10^4$	1 个	$\geqslant 2.5\times10^4$	1 个	$\leqslant 0.03$	应不大于理论密钥量的 40%	$\geqslant 1\times10^6$	应不大于理论密钥量的 60%
B	$\geqslant 3\times10^4$	2 个	$\geqslant 1\times10^4$	2 个	$\leqslant 0.01$		$\geqslant 1\times10^7$	
C							—	

本小节条款与国际标准的相应条款的对照见下表。

GB 10409 条目	引用或参照标准
5.3.2.2-a	引用 UL 768　10.1.3
5.3.2.2-b	引用 UL 768　10.3.3
5.3.2.4	引用 UL 768　11.1
5.3.2.6	参照 UL 768　14

（3）防盗保险柜电子锁。

【条文】5.3.3.1 锁具中执行开/闭锁动作的部件不应采用电磁铁驱动和锁定。

【条文】5.3.3.2 锁具在柜体外的导线在 0V～1000V、功率小于或等于 50W 的双向直流高压攻击下，锁具应不能开启。

【条文说明】5.3.3.2 对外部可接触导线，包括取下外部面板后可以接触到的与内部锁具连接线，实施最高 1000V/50W 双向直流攻击，攻击是分级从低压到高压逐级实施的，允许锁具损坏，不允许锁定失效或密码复位。

【条文】5.3.3.3 防技术开启时间应大于或等于 20h。

【条文说明】5.3.3.3 防技术开启包括抗强电磁场技术开启，如按最高 1000V/m 场强，频率 40KHz～1GHz 中选取 10～20 个频点，每个频点攻击时间为 30s。

【条文】5.3.3.4 对锁具任意方向施加频率为 10Hz～35Hz、振幅为 0.254mm、跳频间隔为 5Hz 的扫描振动，在共振频率点振动 15min，如无共振点时则在 35Hz 处振动 4h，振动过程中锁具不得自行开启。

【条文】5.3.3.5 锁具的所有开锁方式和控制方式，以及动态密钥的有效时间和可使用次数，应在说明书中予以明示，不应有说明书声明外的开启方式和控制方式。

【条文】5.3.3.6 密钥量应大于或等于 10^6。钥匙组数大于或等于 10 组的电子密码锁，密钥量应大于或等于钥匙组数×10^5。

【条文】5.3.3.7 防盗保险柜电子锁的密钥修改应只能在开启状态下或使用有效钥匙后进行。

【条文】5.3.3.8 防盗保险柜电子锁在用户连续输入少于或等于 5 次错误密钥后应锁定大于或等于 3min。

【条文】5.3.3.9 非机械钥匙的密钥不应以目视方式被读取，密钥在钥匙中应非明文存储，防止非授权获取。

【条文】5.3.3.10 应不能使用生物钥匙或远程方式独立开启锁具，同时应使用数字密钥进行身份鉴别。

【条文说明】5.3.3.10 禁止单独使用生物钥匙或远程方式独立开启锁具，如果使用生物钥匙或远程方式开启锁具，还必须同时使用防盗保险柜机械锁或者密码式防盗保险柜电子锁等数字密钥进行身份鉴别。生物钥匙包括指掌纹、人脸、虹膜等，远程方式包括互联网络、短信、无线通信等。

【条文】5.3.3.11 信息保存、误识率、环境适应性、抗干扰、安全性、稳定性等技术要求应符合 GA 374-2001 的 B 级有关要求。

【条文说明】由于最新版 GA 374-2019 已经发布，本标准 5.3.3.11 条款采用 GA 374-2019 中 B 级有关要求执行，GA 374-2001 与 GA 374-2019 的区别见下表。

GA 374-2001	GA 374-2019
5.3 信息保存 电子防盗锁在电源不正常、断电或更换电池时，锁内所存的信息不应丢失。	5.3 功能 5.3.1 信息保存 A 级电子防盗锁在断电 24h 后锁内保存的信息不应丢失，B 级电子防盗锁在断电 168h 后锁内保存的信息不应丢失，电源恢复正常后，电子防盗锁应能正常进行启闭。
5.4 误识率 电子防盗锁的误识率不大于 1%。	5.5 误识率 采用生物钥匙控制开锁的电子防盗锁，其误识率应不大于 1%。
5.7 环境适应性要求 5.7.1 气候环境适应性 电子防盗锁在表 1 规定的严酷等级条件下，应能正常工作。按表 1 规定的条件进行试验，每项试验后对功能进行检查，各项功能应正常。	5.14 环境适应性 5.14.1 气候环境适应性 按表 6 的规定对电子防盗锁进行气候环境适应性试验，试验过程中不应发生状态改变，试验后应能正常工作，盐雾试验后电子防盗锁的金属零部件表面不应有锈蚀。

续　表

GA 374—2001	GA 374—2019

表 1　气候环境试验要求

试验项目	严酷等级		状　态
	A 级	B 级	
高温试验	55℃±2℃ 2h		加电状态
低温试验	−10℃±2℃ 2h	−25℃ 2h	不加电状态
恒定湿热试验	RH（93±2）% 40℃±2℃ 48h		不加电状态

表 6　气候环境适应性

项目	试验条件				
	Ⅰ			Ⅱ	
	试验条件	持续时间	状态	试验条件	持续时间	状态
高温	温度：55℃±2℃	4h	工作状态	温度：70℃±2℃	4h	工作状态
低温	温度：−10℃±3℃	4h	工作状态	温度：−25℃±3℃	4h	工作状态
恒定湿热	温度：40℃±2℃ 相对湿度：93%±3%	48h	工作状态	温度：40℃±2℃ 相对湿度：93%±3%	48h	工作状态
盐雾	盐溶液浓度：5%±0.1% 温度：35℃±2℃ 喷雾时间：每隔45min喷雾15min 盐雾沉降量：1.0mL/（h·80cm²）~2.0mL/（h·80cm²）	48h	非工作状态	盐溶液浓度：5%±0.1% 温度：35℃±2℃ 喷雾时间：每隔45min喷雾15min 盐雾沉降量：1.0mL/（h·80cm²）~2.0mL/（h·80cm²）	96h	非工作状态

GA 374—2001	GA 374—2019
5.7.2 机械环境适应性 电子防盗锁按表2规定进行机械环境适应性试验，每项试验后对功能进行检查，各项功能应正常。且电子防盗锁内各机械零件、部件无松动，外壳不变形、机件不损坏。	5.14.2 机械环境适应性 按表7的规定对电子防盗锁进行机械环境适应性试验，试验前电子防盗锁处于正常锁闭状态，试验后不应出现开启现象且应能正常工作，锁内各机械零件、部件无松动，外壳无变形和损坏。

GA 374-2001			GA 374-2019		
表2　机械环境试验要求			**表7　机械环境适应性**		
试验项目	试验条件		状态	项目	试验条件	状态

GA 374-2001			GA 374-2019		
试验项目	试验条件	状态	项目	试验条件	状态
正弦振动试验	频率循环范围　10Hz～55Hz	不加电状态	正弦振动	频率范围：10Hz～150Hz 加速度：5m/s² 振动方向：X、Y、Z 三个轴向 扫频速率：1oct/min 扫频周期的数目：1	工作状态
	振幅　0.35mm				
	扫描频率　1倍频程/min				
	振动方向　X、Y、Z 三个方向				
	在共振点上保持时间　30min				
冲击试验	加速度　150m/s²（15g）	不加电状态	冲击	加速度：150m/s² 脉冲持续时间：11ms 冲击脉冲波形：半正弦 冲击轴向数：6 每轴向上的脉冲次数：3	工作状态
	脉冲持续时间　11ms				
	脉冲次数　6个面各三次				
	波形　半正弦波				
自由跌落试验	跌落高度　1000mm	不加电状态	自由跌落	跌落高度：1m 几何面数：6 各个面跌落次数：1次 是否带包装：是	非工作状态
	跌落次数　水泥地面，在任意的四个面各自由跌落1次				
注1：跌落试验只对有键盘盒、个人信息阅读装置等进行。 注2：跌落试验时允许产品配用出厂包装盒。					

GA 374-2001	GA 374-2019
5.8 抗干扰要求 5.8.1 抗静电放电干扰 电子防盗锁应能承受 8kV（接触）和/或 15kV（空气）的静电放电试验。试验期间不应产生误动作或功能暂时丧失而能自动恢复，试验后工作应正常。	5.15 电磁兼容 5.15.1 静电放电抗扰度 静电放电抗扰度限值应符合 GB/T 17626.2-2006 中试验等级 4 的规定，试验中电子防盗锁不应有误动作，试验后应能正常工作。

GA 374-2001	GA 374-2019
5.8.2 抗射频电磁场辐射干扰 电子防盗锁应能承受 80MHz~1000MHz（调制频率为 1kHz，调制度为 80%）的射频电磁场辐射干扰试验，试验场强为 10V/m。试验期间不应产生误动作，试验后工作正常。 磁卡、IC 卡、TM 卡应具有上述条件下的抗电磁干扰能力，试验后不应产生数据变化或失效。	5.15.2 射频电磁场辐射抗扰度 射频电磁场辐射抗扰度限值应符合 GB/T 17626.3-2016 中试验等级 3 的规定，试验中电子防盗锁不应有误动作，试验后应能正常工作，且试验后数字钥匙不应出现数据变化或失效。
5.8.3 抗电快速瞬变脉冲群干扰 当采用交流电源供电时，电子防盗锁应能承受 0.5kV，重复频率为 5kHz 的电快速瞬变脉冲群干扰试验，试验期间不应产生误动作，试验后工作正常。	5.15.3 电快速瞬变脉冲群抗扰度 采用交流电网电源供电的电子防盗锁，电快速瞬变脉冲群抗扰度应符合 GB/T 30148-2013 中第 12 章的规定。
5.8.4 抗电压暂降干扰 当采用交流电源供电时，电子防盗锁电源应能承受电压降低 30%、25 个周期的试验要求，试验期间不应产生误动作，试验后工作正常。	5.15.4 电压暂降、短时中断抗扰度 采用交流电网电源供电的电子防盗锁，电压暂降、短时中断抗扰度应符合 GB/T 30148-2013 中第 8 章的规定。
无	5.15.5 浪涌（冲击）抗扰度 采用交流电网电源供电的电子防盗锁，浪涌（冲击）抗扰度应符合 GB/T 30148-2013 中第 13 章的规定。
5.9 安全性要求 5.9.1 绝缘电阻 电子防盗锁电源插头或电源引入端子与外壳裸露金属部件之间的绝缘电阻在正常环境下，不应小于 100MΩ，湿热条件下不应小于 10MΩ。	5.16 安全性 5.16.2 绝缘电阻 采用交流电网电源供电的电子防盗锁的电源引入端子与外壳裸露金属部件之间的绝缘电阻应符合 GB 16796-2009 中 5.4.4 的规定。
5.9.2 泄漏电流 采用交流电源供电的产品，受试样品在正常工作状态下，机壳对大地的泄漏电流应小于 5mA。	5.16.3 泄漏电流 采用交流电网电源供电的电子防盗锁工作时的泄漏电流应符合 GB 16796-2009 中的 5.4.6 的规定。
5.9.3 抗电强度 电子防盗锁电源插头或电源引入端子与外壳裸露金属部件之间应能承受表 3 规定的 50Hz 交	5.16.1 抗电强度 采用交流电网电源供电的电子防盗锁的电源引入端子与外壳裸露金属部件之间的抗电强度应

GA 374-2001	GA 374-2019
流电压得抗电强度试验，历时 1min 应无击穿和飞弧现象。	符合 GB 16796-2009 中 5.4.3 的规定。

表 3　抗电强度试验要求

额　定　电　压		试验电压 kV
直流或正弦 交流有效值 V	交流峰值或 合成电压 V	
0~60	0~85	0.5
60~130	85~184	1.0
130~250	184~354	1.5

GA 374-2001	GA 374-2019
5.9.4 非正常操作 电子防盗锁工作在最严酷的非正常电路故障状态下，应无燃烧和/或触电的危险。	无
5.9.5 阻燃 对于采用塑料材料作为电子防盗锁的外壳或配套装置，其塑料外壳经火焰燃烧 5 次，每次 5s，不应起火。	**5.16.4 阻燃** 电子防盗锁外壳的非金属部件的阻燃应符合 GB 16796-2009 中 5.6.3 的规定。
5.9.6 过压运行 电子防盗锁在主电源电压为额定值的 115% 过压条件下，应能正常工作。	无
5.9.7 过流保护 电子防盗锁应具有过流保护措施，具体要求如下： a）用交流电源供电的电子防盗锁，在电源变压器初级应安装断路器或保险丝，其规格一般不大于产品额定工作电流的 2 倍； b）对要求用户安装的所有引线，应有明确的标识；当无标识时反接或错接引线，应能自动保护使产品不至于损坏。	无
5.10 稳定性要求 电子防盗锁在正常大气下连续加电 7 天，每天启、闭不少于 30 次，产品应能正常工作，不出现误动作。	**5.17 稳定性** 电子防盗锁连续通电 168h，每天进行不少于 30 次的启、闭操作，不应出现误动作、电气故障或机械故障。

本小节条款与国际标准的相应条款的对照见下表。

GB10409 条目	引用或参照标准
5.3.3.1.2	参照 UL SUB2058 17.3
5.3.3.1.3	引用 UL SUB2058 16.1
5.3.3.1.4	引用 UL SUB2058 33
5.3.3.2.2	引用 UL SUB2058 5.1
5.3.3.2.7	参照 UL SUB2058 5.2

4. 电源

【条文】5.4.1 电源的功率、能耗以及环境适应性与安全性要求，应满足相应的产品技术要求，主电源的电压在 85%~115% 变化范围内应能正常工作。

【条文】5.4.2 防盗保险柜应使用 36V 以下的直流电压，在电源电压降至规定的告警电压时应能发出欠压告警。在欠压告警后，电源应仍能满足 36h 或 200 次的正常操作。

【条文】5.4.3 使用交流 220V 的主电源时，应有备用电源。在主电源停止供电时，应能自动转换到备用电源，并能正常工作，在主电源恢复供电时，应能自动恢复主电源工作，转换过程中不应产生误动作。

【条文】5.4.4 供电部分应有过流保护装置。

【条文】5.4.5 电源插头或电源引入端子与外壳或外壳裸露金属部件之间的绝缘电阻在正常大气条件下应大于或等于 100MΩ。

【条文】5.4.6 电源插头或电源引入端子与外壳或外壳裸露金属部件之间应能承受表 3 规定的 50Hz 交流电压的抗电强度试验，历时 1min 应无击穿和飞弧现象。

【条文】5.4.7 内部电池作为主电源时，应具有外部应急电源接口。

表3　额定电压与试验电压（GB 10409-2019 中为表3）

额定电压 V		试验电压 kV
直流或正弦交流有效值	交流峰值或合成电压	
0～60	0～85	0.5
61～131	86～184	1.0
132～250	185～354	1.5

5. 抗破坏性能要求

【条文】5.5.1 对于高度小于或等于450mm 的防盗保险柜经 3m 自由跌落试验后，使用普通手工工具进行破坏，打开门扇的净工作时间应大于或等于 10min。

【条文说明】5.5.1 对于高度小于或等于450mm 的防盗保险柜需要经过 3m 高度的跌落测试后，再使用普通手工工具（见 3.16 中的规定）进行破坏，打开门扇的净工作时间应大于或等于 10min，根据该产品的等级还应同时满足5.5.2 的其他抗破坏性能要求，其他高度的防盗保险柜无须满足本条款而直接执行5.5.2 条款。A10、A15×1、A15 安全级别的产品，建议制作的材质为 Q345 及以上，其柜体钢板厚度为 6mm 及以上，门体钢板厚度为 10mm 及以上。（具体以产品检测为准）。

【条文】5.5.2 其他抗破坏性能应符合4.1 的分类分级要求。

【条文说明】5.5.2 所有的产品（高度不管是否小于或等于450mm）的抗破坏性能均应满足4.1 中规定的分类分级要求。

6. 自动柜员机防盗保险柜附加要求

【条文】5.6.1 自动柜员机防盗保险柜应设置重锁装置，重锁方向大于或等于2 个。当锁具及门栓机构受到攻击，在保护失效前，重锁装置应能启动。

【条文说明】5.6.1 在保险柜上最少设置2 个重锁装置，且至少有2 个重锁装置不能是同一个工作（启动）方向。如图 12 显示2 个重锁装置的工作（启动）方向相反。

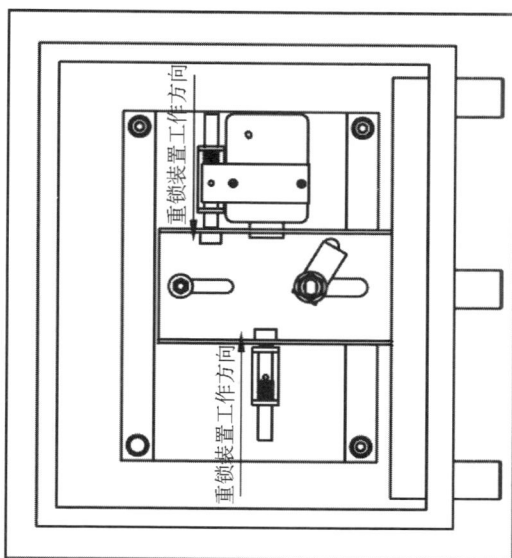

图 12 重锁装置

另外，还强调重锁装置的作用，当保险柜锁具和门栓机构遭到暴力攻击时，在门将要被打开前，每一个重锁装置都应工作（启动）。

【条文】5.6.2 自动柜员机防盗保险柜门栓机构应有防护措施，门开启时应不能窥视和触及锁具及门栓机构。

【条文说明】5.6.2 门栓机构要设有机构框架、盖板或机构罩，开门时门栓机构的内部结构不能被看到。

如图 13 显示，门设置了机构框架和盖板，如果要观察或维修门栓机构，须拆卸盖板。

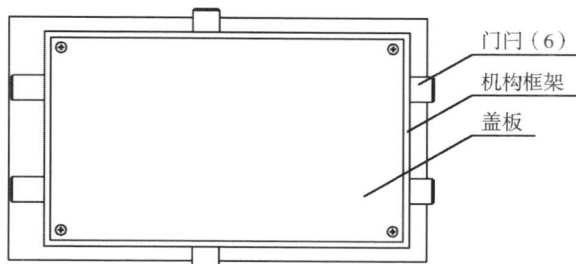

图 13 自动柜员机保险柜机构框架和盖板

【条文】5.6.3 功能性开口应不能被测试体通过，该部位的抗破坏性能不应低于柜体本身对应安全级别的要求。

【条文说明】5.6.3 按测试体定义，在保险柜上所开设的功能性开口，不能被图 14 中 3 种截面、长度为 150mm 的测试体中的任何一个测试体通过。

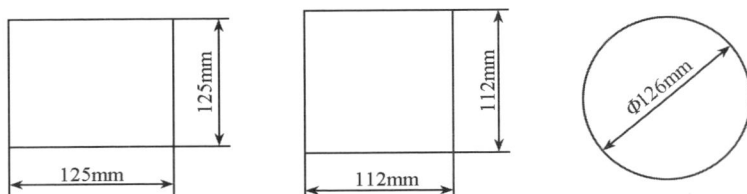

图 14　功能开口示意图

由于保险柜的功能性开口边更容易遭受破坏性攻击，为使其抗破坏性能达到其相对应的安全级别，一般功能性开口周边板材应采取加强保护措施。

【条文】5.6.4 所有未使用的功能性开口应采取堵塞措施，且从外侧不能拆除堵塞件。

【条文说明】5.6.4 对某些用户可能无须使用保险柜某个或多个功能性开口，要设置堵塞零件或部件，这些堵塞零件或部件在开启门时才能安装或拆卸。

【条文】5.6.5 产品图纸应注明功能性开口名称，如导线孔、现钞出口、存钞入口和报警装置孔等。

【条文说明】5.6.5 在产品设计图纸中要注明功能性开口的名称。俯视图和仰视图，见图 15。

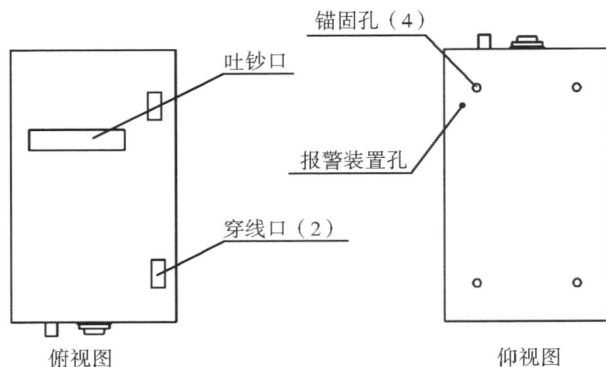

图 15　产品设计图纸

7. 组装式防盗保险柜附加要求

【条文】5.7.1 组装完成后应成为一个整体，应无可分离的部件；在不破坏柜体情况下，应不能从外部拆卸。

【条文】5.7.2 组装式防盗保险柜的连接部分的抗破坏性能应高于或等于柜体本身的要求。

【条文说明】5.7.1、5.7.2 在考虑到整体保险柜运输困难或难以入户安装的情况下，采用组装式保险柜。组装式保险柜采用柜体组装而门还是一体的组装方式，组装各连接的零、部件应设置在保险柜内部，并要求有足够的强度，以保证组装后保险柜能达到其相对应的安全级别。保险柜组装的方式比较多，图16（俯视）是一种比较简单的柜体由左、右、上、下和后板组装的保险柜的示意图，内部采用连接角铁、螺栓螺母紧固连接方式。

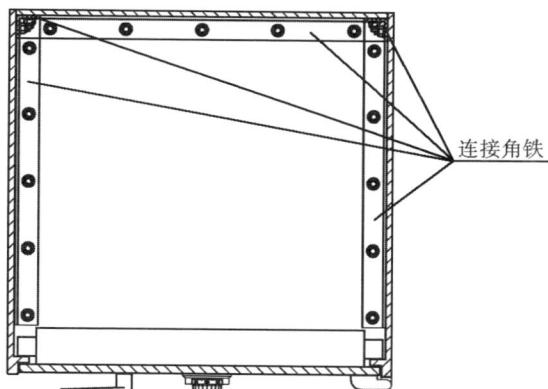

连接角铁

图16 组装式防盗保险柜剖视图

8. 投入式防盗保险柜附加要求

【条文】5.8 投入式防盗保险柜的开口应有保护措施，应不能直接从开口处钩、夹、粘取内部物品，保护部分的抗破坏性能不应低于柜体本身的抗破坏性能。

【条文说明】5.8 保险柜的投入口应依据投入物件的大小合理设置，箱体内部投入物件的空间要设置保护装置，以防止不法分子利用各种工具从投入口钩取、夹取和粘取等方法取出投入物件。图17（左视）是一种比较简单的投入式保险柜的示意图，通过其箱体内部设置足够强度且带锯齿的斜滑导槽，实现防钩、防夹、防粘的功能。

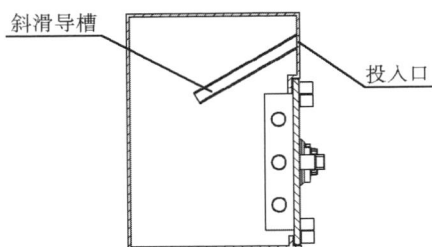

图 17　投入式保险剖视图

　　另外，为使保险柜投入口的抗破坏性能达到其相对应的安全级别，一般投入口周边板材应采取加强保护措施。

第六章　试验方法

一、内容简介

本章对防盗保险柜（箱）的试验方法做详细说明，包括样品、一般试验条件及检测通用要求、检验项目、技术条件、试验方法和使用仪器、设备等。

（一）样品

防盗保险柜（箱）型式检验样品数量一般为 2 台（高度不大于 450mm 的保险柜需要 3 台），漆膜样件 3 块，如无锁具单独的检测报告，则应对锁具进行测试，锁具数量为：钥匙式防盗保险柜机械锁每种型号 100 把（进行互开率检验），密码式防盗保险柜机械锁每种型号 8 把，电子防盗保险柜防盗锁每种型号 8 把。

注：所有锁具均需有 1 把安装于测试架上。

（二）一般试验条件及检测通用要求

1. 一般试验条件

若相关条文中没有特殊说明，除检测项目有特殊要求，则试验均可在一般大气条件下进行。

2. 检测通用要求

（1）试验用仪器及设备运行良好，加电预热 3min 待仪器及设备稳定后，实施测试。试验工具应无损坏。

（2）所有试验数据应在示值稳定后读取，取值小数点后 1 位（另有说明除外），建议取值试验至少重复3次，并对数据进行修约（正）和不确定度处理（必要时），确保数据准确、可靠、可追溯。

（3）功能性检测，也建议试验至少重复3次。

（4）试验样品核查。试验样品的型号应与检测委托书上标明的型号一致。

（5）试验后样品的处置。检测完成后，检验机构应将样品交还企业或按相关要求处理。

（6）检测报告中对产品的描述至少应包括：产品组成、主要结构等。对每种型号的产品均应进行拍照。

（7）试验准备。检验人员应该有一定的专业技能并通过培训获得从事防盗保险柜（箱）的测定检验工作能力。

试验小组由二人组成，试验时由一人进行，另一人做辅助工作，如记录、扶持样品、更换工具等。

3. 检测程序

2.8.1 1#保险柜样品及锁具试验项目

产品标记→防腐措施检查→表面质量检查→文件检查→功能试验→尺寸偏差检验→锁具配置检验→固定件检验→隙缝及孔检验→附加功能检验→抗破坏性能试验→表面镀（涂）层检验。

应注意以下几点：

（1）对于自动柜员机防盗保险柜。在抗破坏性能试验之前增加：自动柜员机防盗保险柜重锁装置检验→自动柜员机防盗保险柜门栓机构盖板检验→自动柜员机防盗保险柜开孔封堵检验→自动柜员机防盗保险柜功能孔检验；

（2）对于组装式保险柜。在进行破坏试验之前，先分析、评价组装部位的结构及是否能从外部用普通手工工具拆卸；

（3）对于投入式防盗保险柜。在进行破坏试验之前，先分析、评价投入口部位的结构，以及利用带有一个或多个钩子或其他装置的绳索、金属线或类似物品，从投币口是否能取到内部的模拟钱币。

2.8.2 2#保险柜样品

备用。

2.8.3 3#保险柜样品

对于高度小于或等于450mm的保险柜，先进行3m高度的跌落试验，然后试验用普通手工工具检验是否在10min内能打开柜体或柜门。

2.8.4　**锁具检验程序**

（1）钥匙式防盗保险柜机械锁检验程序。锁舌行程检验（1#锁具样品）→互开率试验（1#-100#锁具样品）→防技术开启试验（1#、2#、3#锁具样品）→抗攻击试验（1#锁具样品）→锁舌压力检验（2#锁具样品）→自由跌落试验（3#锁具样品）→耐久性检验（4#锁具样品）→冲击检验（5#锁具样品）→锁振动试验（6#锁具样品）→灵活度、密钥量、差异量（7#锁具样品）→耐腐蚀试验（8#锁具样品）。

（2）密码式防盗保险柜机械锁检验程序。锁舌行程检验（1#锁具样品）→对码误差检验（1#、2#、3#锁具样品）→防技术开启试验（1#、2#、3#锁具样品）→抗攻击试验（1#锁具样品）→锁舌压力检验（2#锁具样品）→自由跌落试验（3#锁具样品）→耐久性检验（4#锁具样品）→冲击检验（5#锁具样品）→锁振动试验（6#锁具样品）→灵活度、密钥量、转盘的耐久性检验、差异量（7#锁具样品）→耐腐蚀试验（8#锁具样品）。

（3）防盗保险柜电子锁检验程序。执行机构检验、开锁和控制方式检验、密钥量检验、密钥修改检验、错误锁定检验、密钥保存检验、开启模式检验、误识率检验、锁舌行程检验（1#锁具样品）→防技术开启试验（1#、2#、3#锁具样品）→环境适应性试验（高温1#、低温1#、潮热3#锁具样品）→抗攻击试验（1#锁具样品）→锁舌压力检验（2#锁具样品）→自由跌落试验（3#锁具样品）→耐久性检验（4#锁具样品）→冲击检验（5#锁具样品）→锁振动试验（6#锁具样品）→双向直流高压攻击试验（6#锁具样品）→抗干扰性、安全性（7#锁具样品）→稳定性（8#锁具样品）。

（4）试验说明。按检测程序检测时，检测人员应对样品损坏状态进行检查，确认样品状态不会影响试验结果时方可进行下面的试验，否则应修复或更换备用品再继续下面的试验。

二、条文及条文说明

（一）基本要求检验

1. 防腐措施检查技术点

（1）技术要求。

【条文】5.1.1 所有的钢铁零、部件表面（不锈钢、抛光件和用于混凝土中的零件除外）都应采取防腐措施。防腐措施包括氧化、电镀、喷涂等各种防腐处理。

（2）试验方法。

【条文】6.1.1 防腐措施检查

检查样品的防腐措施，判定结果是否符合 5.1.1 的要求。

【条文说明】

检测用仪器及设备：人工。

试验方法：检查样品的防腐措施，用视查法检查。

记录：样品的防腐措施。

判据：样品的防腐措施应符合 5.1.1 的要求。

（3）检验规则。

序号	项目	技术要求	试验方法	不合格分类	型式检验	出厂检验			
						A	B	C	D
2	防腐措施检查	5.1.1	6.1.1	C	√	—	√	—	—

2. 表面质量检查技术点

（1）技术要求。

【条文】5.1.2 零件的表面镀层应均匀一致，外露部位不得有明显的焦斑、起泡、剥落、划痕等缺陷。应能按 GB/T 10125-2012，经受 24h 的中性盐雾试验，并按 GB/T 6461-2002 判定阴极性和/或阳极性的覆盖层不低于 5 级。

（2）试验方法。

【条文】6.1.2 表面质量检查

目视检查样品的表面质量，判定结果是否符合 5.1.2 的要求。

【条文说明】

检测用仪器及设备：盐雾试验箱。

试验方法：目视检查样品的表面质量。

记录：样品的表面质量。

判据：样品的表面质量应符合 5.1.2 的要求。

（3）检验规则。

序号	项目	技术要求	试验方法	不合格分类	型式检验	出厂检验			
						A	B	C	D
3	表面质量检查	5.1.2	6.1.2	B	√	√	—	—	—

3. 表面镀（涂）层检验技术点

（1）技术要求。

【条文】5.1.2 零件的表面镀层应均匀一致，外露部位不得有明显的焦斑、起泡、剥落、划痕等缺陷。应能按 GB/T 10125-2012，经受 24h 的中性盐雾试验，并按 GB/T 6461-2002 判定阴极性和/或阳极性的覆盖层不低于 5 级。

【条文】5.1.3 柜体外表面涂层应均匀，不得有明显的裂痕、气泡、斑点等缺陷。以同样工艺制作的样板，不低于按 GB/T 1720-1979 漆膜附着力测定法测定的 5 级。

（2）试验方法。

【条文】6.1.3 表面镀（涂）层检验

在样品上提取有表面镀层的零件，制作与样品表面漆膜（喷塑膜）同样工艺的试验样板，分别按 GB/T 10125-2012 与 GB/T 1720-1979 进行试验，判定结果是否符合 5.1.2 和 5.1.3 的要求。

【条文说明】6.1.3 要求：零件的表面镀层应均匀一致，外露部位不得有明显的焦斑、起泡、剥落、划痕等缺陷。应能按 GB/T 10125-2012，经受 24h 的中性盐雾试验，并按 GB/T 6461-2002 判定阴极性和/或阳极性的覆盖层不低于 5 级；柜体外表面涂层应均匀，不得有明显的裂痕、气泡、斑点等缺陷。以同样工艺制作的样板，不低于 GB/T 1720-1979 漆膜附着力测定法测定的 5 级。

检测用仪器及设备：盐雾试验箱、漆膜附着力测试仪。

试验方法：在样品上提取有镀层的零件。制作与样品表面漆膜（喷塑膜）同样工艺的试验样板，分别按 GB/T 10125-2012 与 GB/T 1720-1979 进行试验。

记录：柜体表面涂层漆膜附着力测定法测定的级别。

判据：结果是否符合表面质量检查和表面镀（涂）层检验。

（3）检验规则。

序号	项　目	技术要求	试验方法	不合格分类	型式检验	出厂检验			
						A	B	C	D
4	表面镀（涂）层检验	5.1.2、5.1.3	6.1.3	C	√	—	—	—	√

4. 文件检查技术点

（1）技术要求。

【条文】5.1.4 应有结构设计的图纸和安装、使用说明书。

（2）试验方法。

【条文】6.1.4 文件检查

检查样品的技术文件及包装，判定结果是否符合5.1.4的要求。

【条文说明】

试验方法：检查结构图纸、安装和使用说明书，并与样品进行核实比对。

记录：结构图纸、安装和使用说明书是否齐全。

判据：文件检查应符合5.1.4的要求。

（3）检验规则。

序号	项　目	技术要求	试验方法	不合格分类	型式检验	出厂检验			
						A	B	C	D
5	文件检查	5.1.4	6.1.4	C	√	√	√	—	—

5. 功能试验技术点

（1）技术要求。

【条文】5.1.5 防盗保险柜的功能，包括安装、柜门的启闭、密码的更换、附加装置的使用、欠压指示等，应符合第5章和产品使用说明书的要求。

（2）试验方法。

【条文】6.1.5 功能试验

按使用说明书，对样品各项功能进行试验，包括柜门的启闭、密码的更换、附加装置的使用、欠压告警等，每项试验5次，判定结果是否符合5.1.5的要求。

【条文说明】

检测用仪器及设备：人工按照说明书操作。

试验方法：按使用说明书，对样品各项功能进行试验，每项试验5次。

记录：记录功能试验是否完整。

判据：功能试验应符合5.1.5的要求。

（3）检验规则。

序号	项　目	技术 要求	试验 方法	不合格 分类	型式 检验	出厂检验			
						A	B	C	D
6	功能试验	5.1.5	6.1.5	A	√	√	—	—	—

6. 尺寸偏差检验技术点

（1）技术要求。

【条文】5.1.6 外形尺寸偏差应符合标准中的表2的规定。

（2）试验方法。

【条文】6.1.6 尺寸偏差检验

使用精度为 0.5mm 的钢卷尺、钢直尺测量外形尺寸并计算其偏差，判定结果是否符合 5.1.6 的要求。

【条文说明】

检测用仪器及设备：钢卷尺、钢直尺。

试验方法：使用钢卷尺、钢直尺测量外形尺寸并计算其偏差。

记录：记录样品的外形尺寸偏差并取最大尺寸偏差作为试验数据予以记录。

判据：确定是否符合 5.1.6 的要求。

（3）检验规则。

序号	项　目	技术 要求	试验 方法	不合格 分类	型式 检验	出厂检验			
						A	B	C	D
7	尺寸偏差检验	5.1.6	6.1.6	C	√	√	√	—	—

（二）结构要求检验

1. 锁具配置检验技术点

（1）技术要求。

【条文】5.2.1 安全级别低于 B60 的防盗保险柜至少应配置一套防盗保险柜锁，安全级别 B60（含）以上防盗保险柜至少应配置两套防盗保险柜锁，其中 C 类防盗保险柜应采用 1 级密码式防盗保险柜机械锁或防盗保险柜电子锁。

（2）试验方法。

【条文】6.2.1 锁具配置检验

检查样品的锁具配置，核对锁具检验报告的有效性及锁具型号，判定结果是否符合 5.2.1 的要求。

【条文说明】

检测用仪器及设备：人工。

试验方法：检查样品的锁具配置，若有检测报告，核对锁具检测报告的有效性及所用锁具与报告上样品的一致性。

记录：记录锁具的报告编号和型号。

判据：确定是否符合 5.2.1 的要求。

（3）检验规则。

序号	项　目	技术要求	试验方法	不合格分类	型式检验	出厂检验			
						A	B	C	D
8	锁具配置检验	5.2.1	6.2.1	A	√	√	—	—	—

2. 固定件检验技术点

（1）技术要求。

【条文】5.2.2 防盗保险柜的质量小于 340kg 时，应配备固定件，并应有指导防盗保险柜固定的说明书。

（2）试验方法。

【条文】6.2.2 固定件检验

用秤称样品质量及检查安装配件及安装说明书，判定结果是否符合 5.2.2 的要求。

【条文说明】

检测用仪器及设备：综合称重测量仪。

试验方法：用秤称量样品质量及检查安装配件及安装说明书。

记录：样品质量。

判据：确定是否符合 5.2.2 条款要求。

（3）检验规则。

序号	项　目	技术要求	试验方法	不合格分类	型式检验	出厂检验			
						A	B	C	D
9	固定件检验	5.2.2	6.2.2	C	√	√	—	—	√

3. 隙缝及孔检验技术点

（1）技术要求。

【条文】5.2.3 除自动柜员机防盗保险柜外，柜门和门框之间应没有进入柜内的直接通道。防盗保险柜上开功能孔的，从开孔位置应不能看见门栓机构，且开孔位置应不降低该部位的抗破坏性能。

（2）试验方法。

【条文】6.2.3 隙缝及孔检验

对柜门与柜框的隙缝和通道、导线孔进行检验，判定结果是否符合5.2.3 的要求。

【条文说明】

检测用仪器及设备：人工。

试验方法：对柜门与柜框的隙缝和通道、导线孔进行检验。

记录：缝隙及孔检验是否合格。

判据：确定是否符合5.2.3条款要求。

（3）检验规则。

序号	项　目	技术要求	试验方法	不合格分类	型式检验	出厂检验			
						A	B	C	D
10	隙缝及孔检验	5.2.3	6.2.3	C	√	√	—	—	—

4. 附加功能检验技术点

（1）技术要求。

【条文】5.2.4 防盗保险柜按需要可增加防火、防磁、防水、防潮、防辐射、报警、监控、联网等附加功能，但附加功能的增加应不降低防盗保险柜的安全级别。

（2）试验方法。

【条文】6.2.4 附加功能检验

防盗保险柜有附加功能的，应检查其附加功能及相关检测报告及合格证件，判定结果是否符合5.2.4的要求。

【条文说明】

检测用仪器及设备：人工。

试验方法：防盗保险柜有附加功能的，应检查其附加功能及相关检测报告及合格证件，判定结果是否合格。

记录：附加功能相关的检测报告及合格证件。

判据：确定是否符合5.2.4条款要求。

（3）检验规则。

序号	项　目	技术要求	试验方法	不合格分类	型式检验	出厂检验			
						A	B	C	D
11	附加功能检验	5.2.4	6.2.4	C	√	—	—	—	√

（三）防盗保险柜锁检验

1. 基本要求检验

（1）锁具抗攻击试验技术点。

a. 技术要求。

【条文】5.3.1.1 防盗保险柜锁的锁具防钻、防撬、防拉、防扭、防冲击性能应达到净工作时间15min以上。

b. 试验方法。

【条文】6.3.1.1 锁具抗攻击试验

将样品安装在测试架上（见图1），具有熟练操作技能、了解锁具结构的试验人员用 GA/T 73-2015 中附录 B 的试验工具，通过图1中的攻击孔进行钻、撬、拉、冲击试验，以及使用扳手或电动扳手对锁具进行强扭，判定结果是否符合5.3.1.1的要求。可多种方式安装的锁具，应对每种安装方式分别进行测试。

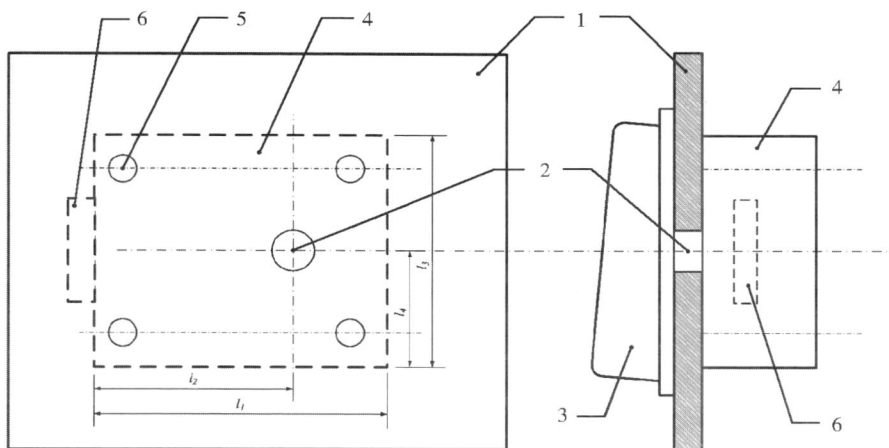

	防盗保险柜机械锁	防盗保险柜电子锁
l_2	与锁轴位置对齐	$l_2 = l_1 \times 69\%$
l_4	与锁轴位置对齐	$l_4 = l_3/2$

说明：

1——测试架；

2——攻击孔，直径小于或等于 10mm；

3——输入单元；

4——锁具；

5——安装孔；

6——锁舌。

图 1　测试架及锁具安装示意图（GB 10409-2019 中为图 1）

【条文说明】6.3.1.1 要求：防盗保险柜锁的锁具防钻、防撬、防拉、防扭、防冲击性能应达到净工作 15min 以上。

检测用仪器及设备：扳手、手锤、冲击试验机。

试验方法：将样品安装在测试架上（见图 1），具有熟练操作技能、了解锁具结构的试验人员用 GA/T 73-2015 中 B.2 的试验工具，通过图 1 中的攻击孔进行钻、撬、拉、冲击试验，以及使用扳手或电动扳手对锁具进行强扭。检测时不在保险杠面板上进行打孔攻击，只能通过过线孔对锁具进行攻击且不能将过线孔扩大。

B.2　试验工具包括：

长度为 300mm，直径为 20mm 的直头和弯头撬棍；

长度为 600mm，直径为 30mm 的直头和弯头撬棍；

长度不大于 380mm 的各种螺丝刀；

长度为 250mm 的管钳和大力钳；

质量为 1.36kg，柄长为 380mm 的手锤；

规格为 6.5mm 的便携式电钻，直径为 6mm 的高速钢麻花钻头；

直径不大于 3mm 的钢丝制作的拨动工具；

长度为 300mm，直径分别为 10mm 和 15mm 的钢棍；

开锁专用工具；

长度不大于 380mm 的手持式钢锯，高碳钢手工锯条，规格为宽 6.4mm、厚 0.65mm，每 25mm 长度为 14 齿，每次试验时均要使用新锯条。

记录：锁具抗攻击性能达到的净工作时间。

判据：确定是否符合以上条款要求。

c. 检验规则。

序号	项目	技术要求	试验方法	不合格分类	型式检验	出厂检验			
						A	B	C	D
12	防盗保险柜锁锁具抗攻击试验	5.3.1.1	6.3.1.1	A	√	—	—	√	—

（2）锁舌行程检验技术点。

a. 技术要求。

【条文】5.3.1.2 锁舌锁定部分的长度应大于或等于 9mm。

b. 试验方法。

【条文】6.3.1.2 锁舌行程检验

用精度为 0.02mm 的游标卡尺测量，判定其结果是否符合 5.3.1.2 的要求。

【条文说明】

检测用仪器及设备：游标卡尺。

试验方法：用精度为 0.02mm 的游标卡尺测量。

记录：锁舌锁定部分长度。

c. 检验规则。

序号	项　目	技术要求	试验方法	不合格分类	型式检验	出厂检验			
						A	B	C	D
13	防盗保险柜锁 锁舌行程检验	5.3.1.2	6.3.1.2	B	√	—	—	√	—

（3）锁舌压力检验技术点。

a. 技术要求。

【条文】5.3.1.3 锁舌经轴向 980N、侧向 1470N 的压力试验后，应能正常使用。

b. 试验方法。

【条文】6.3.1.3 锁舌压力检验

锁舌压力试验按 GA/T 73－2015 中 6.2.1 进行，判定结果是否符合5.3.1.3 的要求。

【条文说明】

检测用仪器及设备：压力试验机。

试验方法：

轴向压力试验：将试验样品固定在试验机工作台上，主锁舌伸出到完全锁定位置，对主锁舌逐步施加至规定的轴向压力并保持60s，卸载后对锁进行操作试验。

侧向压力试验：将试验样品固定在试验机工作台上，主锁舌伸出到完全锁定位置，在距锁舌面板3mm处对主锁舌逐步施加至规定压力并保持60s，卸载后对锁进行操作试验。

记录：锁舌压力试验后的工作情况。

c. 检验规则。

序号	项　目	技术要求	试验方法	不合格分类	型式检验	出厂检验			
						A	B	C	D
14	防盗保险柜锁 锁舌压力检验	5.3.1.3	6.3.1.3	A	√	—	—	—	√

（4）自由跌落试验技术点。

a. 技术要求。

【条文】5.3.1.4 锁具经 1m 高自由跌落后应能正常工作。

b. 试验方法。

【条文】6.3.1.4 自由跌落试验

锁具任意面（除锁舌外）从 1m 高处跌落到水泥地面上 10 次后，检查锁具的工作情况，判定结果是否符合 5.3.1.4 的要求。

【条文说明】

检测用仪器及设备：钢卷尺。

试验方法：锁具任意面（除锁舌外）从 1m 高处跌落到水泥地面上 10 次后，检查锁具的工作情况。

记录：锁具自由跌落试验后的工作情况。

c. 检验规则。

序号	项　　目	技术要求	试验方法	不合格分类	型式检验	出厂检验			
						A	B	C	D
15	防盗保险柜锁自由跌落试验	5.3.1.4	6.3.1.4	A	√	—	—	—	√

（5）锁具耐久性试验技术点。

a. 技术要求。

【条文】5.3.1.5 锁具应可正常启闭 10000 次且无任何故障。

b. 试验方法。

【条文】6.3.1.5 锁具耐久性试验

按照锁具使用说明书对锁具进行连续开启 10000 次试验，记录试验过程中的现象，判定结果是否符合 5.3.1.5 的要求。

【条文说明】

检测用仪器及设备：锁具耐用度测试仪。

试验方法：按照锁具使用说明书对锁具进行连续开启 10000 次试验。

记录：锁具耐久性试验过程中的现象。

c. 检验规则。

序号	项 目	技术要求	试验方法	不合格分类	型式检验	出厂检验			
						A	B	C	D
16	防盗保险柜锁锁具耐久性检验	5.3.1.5	6.3.1.5	A	√	—	—	—	√

（6）锁具冲击试验技术点。

a. 技术要求。

【条文】5.3.1.6 对锁具 6 个方向施加 50_{-5}^{0} g 冲击，冲击过程中锁具不得自行开启。

b. 试验方法。

【条文】6.3.1.6 锁具冲击试验

锁具 6 个面依次固定于冲击测试台上，每个面施加 50_{-5}^{0} g 的冲击 10 次，判定结果是否符合 5.3.1.6 的要求。

【条文说明】

检测用仪器及设备：振动测试台。

试验方法：锁具 6 个面依次固定于振动测试台上，每个面施加 50_{-5}^{0} g 的冲击 10 次。

记录：锁具冲击试验后的工作情况。

c. 检验规则。

序号	项 目	技术要求	试验方法	不合格分类	型式检验	出厂检验			
						A	B	C	D
17	防盗保险柜锁锁具冲击检验	5.3.1.6	6.3.1.6	A	√	—	—	—	√

2. 防盗保险柜机械锁检验

（1）对码误差检验技术点。

a. 技术要求。

【条文】5.3.2.1 密码式防盗保险柜机械锁由高到低分为 1 级和 2 级两个防护级别，其对码误差符合：

a）1 级三转向片密码式防盗保险柜机械锁最大允许偏差应小于或等于 1 个刻度，1 级四转向片密码式防盗保险柜机械锁最大允许偏差应小于或等于1.25个刻度，超过最大允许偏差时锁具不能被打开。

b）2级三转向片密码式防盗保险柜机械锁最大允许偏差应小于或等于1.25个刻度，2级四转向片密码式防盗保险柜机械锁最大允许偏差应小于或等于1.5个刻度，超过最大允许偏差时锁具不能被打开。

b. 试验方法。

【条文】 6.3.2.1 对码误差检验

按照5.3.2.1的要求和GA/T 73-2015中6.1.7.5进行对码误差检验，判定结果是否符合5.3.2.1的要求。

【条文说明】

检测用仪器及设备：人工。

试验方法：按照防盗保险柜机械锁对码误差的要求和GA/T 73-2015中密码锁式刻度盘转向片分度格转动尺寸试验进行对码误差检验，判定结果是否符合防盗保险柜机械锁对码误差的要求。

记录：防盗保险柜机械锁能否被打开。

c. 检验规则。

序号	项 目	技术要求	试验方法	不合格分类	型式检验	出厂检验			
						A	B	C	D
18	密码式防盗保险柜机械锁对码误差检验	5.3.2.1	6.3.2.1	B	√	—	—	—	√

（2）防技术开启试验技术点。

a. 技术要求。

【条文】 5.3.2.2 钥匙式防盗保险柜机械锁的防技术开启时间应大于或等于30min，1级密码式防盗保险柜机械锁的防技术开启时间应大于或等于20h，2级密码式防盗保险柜机械锁的防技术开启时间应大于或等于2h。

b. 试验方法。

【条文】 6.3.2.2 防技术开启试验

防技术开启试验按GA/T 73-2015中6.6.6进行，判定结果是否符合5.3.2.2的要求。

【条文说明】

检测用仪器及设备：电子秒表。

试验方法：按照防盗保险柜机械锁对码误差的要求和GA/T 73-2015中防技术开启试验进行对码误差检验，判定结果是否符合防盗保险柜机械锁防技术开启时间检验的要求。

记录：防盗保险柜机械锁防技术开启时间。

c. 检验规则。

序号	项　目	技术要求	试验方法	不合格分类	型式检验	出厂检验			
						A	B	C	D
19	防盗保险柜机械锁防技术开启试验	5.3.2.2	6.3.2.2	A	√	—	—	—	√

（3）密码式耐久性检验技术点。

a. 技术要求。

【条文】5.3.2.3 转盘密码式防盗保险柜机械锁应能承受以小于或等于 48 圈/min 的速度做密码组合的操作，累计转动圈数大于或等于 10000 圈，试验后锁具的对码误差应符合 5.3.2.1 的要求。

b. 试验方法。

【条文】6.3.2.3 密码式耐久性检验

按照 5.3.2.3 的要求和 GA/T 73—2015 中 6.1.7.5 进行对码误差检验，判定结果是否符合 5.3.2.3 的要求。

【条文说明】5.3.2.3 要求：转盘密码式防盗保险柜机械锁应能承受以小于或等于 48 圈/min 的速度做密码组合的操作，累计转动圈数大于或等于 10000 圈，试验后锁具的对码误差应符合防盗保险柜机械锁对码误差检验的要求。

检测用仪器及设备：转盘密码机械锁耐久性测试仪。

试验方法：按照密码式防盗保险柜机械锁耐久性检验的要求和 GA/T 73—2015 中密码锁式刻度盘转向片分度格转动尺寸试验进行对码误差检验，判定结果是否符合密码式防盗保险柜机械锁耐久性的要求。

记录：密码式防盗保险柜机械锁的耐久性试验情况。

c. 检验规则。

序号	项　目	技术要求	试验方法	不合格分类	型式检验	出厂检验			
						A	B	C	D
20	密码式防盗保险柜机械锁耐久性检验	5.3.2.3	6.3.2.3	B	√	—	—	—	√

（4）密钥量检验技术点。

a. 技术要求。

【条文】5.3.2.4 三转向片密码式防盗保险柜机械锁的理论密钥量应大于或等于 10^6，四转向片密码式防盗保险柜机械锁的理论密钥量应大于或等于 10^7，实际密钥量应大于或等于理论密钥量的 60%。

b. 试验方法。

【条文】6.3.2.4 密钥量检验

按照 5.3.2.4 的要求和 GA/T 73-2015 中 6.7.2 进行密钥量检验，判定结果是否符合 5.3.2.4 的要求。

【条文说明】

检测用仪器及设备：测试人员按照密钥量计算方法运算。

试验方法：按照密码式防盗保险柜机械锁密钥量的要求和 GA/T 73-2015 中密钥量和互开率进行密钥量检验，判定结果是否符合密码式防盗保险柜机械锁密钥量的要求。

记录：密码式防盗保险柜机械锁密钥量。

c. 检验规则。

序号	项　目	技术要求	试验方法	不合格分类	型式检验	出厂检验			
						A	B	C	D
21	密码式防盗保险柜机械锁密钥量检验	5.3.2.4	6.3.2.4	A	√	—	—	—	√

（5）振动试验技术点。

a. 技术要求。

【条文】5.3.2.5 对锁具任意方向施加频率为 4Hz～50Hz、振幅为 0.254mm、跳频间隔为 1Hz 的扫描振动，在共振频率点振动 2h，如无共振点时则在 50Hz 处振动 2h，振动过程中锁具不得自行开启。

注：共振点为振动过程中锁具内锁定部件的振动幅度达到最大幅度的一半及以上。

b. 试验方法。

【条文】6.3.2.5 振动试验

按照 5.3.2.5 的要求进行振动试验，判定结果是否符合 5.3.2.5 的要求。

【条文说明】

检测用仪器及设备：振动测试平台。

试验方法：按照防盗保险柜机械锁振动试验要求进行振动试验，判定结果是否符合防盗保险柜机械锁振动试验的要求。

记录：振动过程中锁具是否自行开启。

c. 检验规则。

序号	项　目	技术要求	试验方法	不合格分类	型式检验	出厂检验			
						A	B	C	D
22	防盗保险柜机械锁振动试验	5.3.2.5	6.3.2.5	A	√	—	—	—	√

（6）其余技术要求检验技术点。

a. 技术要求。

【条文】5.3.2.6 灵活度、耐腐蚀、差异量、互开率等技术要求应符合 GA/T 73-2015 的 B 级及以上有关要求。

b. 试验方法。

【条文】6.3.2.6 其余技术要求检验

按照 GA/T 73-2015 的相关试验方法，对锁具进行如下试验，判定结果是否符合 5.3.2.6 的要求：

a）防盗保险柜机械锁的灵活度试验，按 GA/T 73-2015 中 6.3 进行。

b）防盗保险柜机械锁的耐腐蚀试验，按 GA/T 73-2015 中 6.5 进行。

c）防盗保险柜机械锁的差异量试验，按 GA/T 73-2015 中 6.7.1 进行。

d）防盗保险柜机械锁的互开率试验，按 GA/T 73-2015 中 6.7.2 进行。

【条文说明】

检测用仪器及设备：盐雾试验箱、游标卡尺、振动测试平台。

试验方法：

a）防盗保险柜机械锁的灵活度试验，按 GA/T 73-2015 中灵活度试验进行。

b）防盗保险柜机械锁的耐腐蚀试验，按 GA/T 73-2015 中耐腐蚀试验进行。

c）防盗保险柜机械锁的差异量试验，按 GA/T 73-2015 中差异量试验进行。

d) 防盗保险柜机械锁的互开率试验，按 GA/T 73-2015 中密钥量和互开率试验进行。

记录：防盗保险柜机械锁其余技术要求：灵活度、耐腐蚀、差异量、互开率。

判据：确定是否符合上述条款要求。

c. 检验规则。

序号	项　目	技术要求	试验方法	不合格分类	型式检验	出厂检验			
						A	B	C	D
23	防盗保险柜机械锁其余技术要求检验	5.3.2.6	6.3.2.6	A	√	—	—	—	√

3. 防盗保险柜电子锁检验

（1）执行机构检验技术点。

a. 技术要求。

【条文】5.3.3.1 锁具中执行开/闭锁动作的部件不应采用电磁铁驱动和锁定。

b. 试验方法。

【条文】6.3.3.1 执行机构检验

检查产品的结构，判定结果是否符合 5.3.3.1 的要求。

【条文说明】

检测用仪器及设备：人工核验。

试验方法：检查产品的结构，判定结果是否符合防盗保险柜电子锁执行机构的要求。

记录：锁具中执行开/闭锁动作的部件是否采用电磁铁驱动和锁定。

c. 检验规则。

序号	项　目	技术要求	试验方法	不合格分类	型式检验	出厂检验			
						A	B	C	D
24	防盗保险柜电子锁执行机构检验	5.3.3.1	6.3.3.1	A	√	—	—	—	√

（2）双向直流高压攻击试验技术点。

a. 技术要求。

【条文】5.3.3.2 锁具在柜体外的导线在 0V～1000V、功率小于或等于 50W 的双向直流高压攻击下，锁具应不能开启。

b. 试验方法。

【条文】6.3.3.2 双向直流高压攻击试验

对锁具在箱体外部的外露导线两两组合分别施加功率为 50W，从 0V～1000V 的直流电压，每个阶梯为 100V，每个阶梯停留时间为 5s，锁具在整个测试过程中不能开启，但允许其他损坏情形发生，对每组导线需分别施加两个不同极性方向的电压，每组导线组合及不同极性测试需使用不同的新锁，判定结果是否符合 5.3.3.2 的要求。

【条文说明】

检测用仪器及设备：安全性能综合测试系统。

试验方法：对锁具在箱体外部的外露导线两两组合分别施加功率为 50W，从 0V～1000V 的直流电压，每个阶梯为 100V，每个阶梯停留时间为 5s，锁具在整个测试过程中不能开启，但允许其他损坏情形发生，对每组导线需分别施加两个不同极性方向的电压，每组导线组合及不同极性测试需使用不同的新锁，判定结果是否符合防盗保险柜电子锁双向直流高压攻击试验的要求。

记录：锁具是否开启。

c. 检验规则。

序号	项　目	技术要求	试验方法	不合格分类	型式检验	出厂检验			
						A	B	C	D
25	防盗保险柜电子锁双向直流高压攻击试验	5.3.3.2	6.3.3.2	A	√	—	—	—	√

（3）防技术开启试验技术点。

a. 技术要求。

【条文】5.3.3.3 防技术开启时间应大于或等于 20h。

b. 试验方法。

【条文】6.3.3.3 防技术开启试验

对锁具进行试探性密码开启、强电磁场技术开启、替换锁具的柜外部件等试验，判定结果是否符合 5.3.3.3 的要求。

【条文说明】

检测用仪器及设备：微波暗室及发射天线等测试附件。

试验方法：对锁具进行试探性密码开启、强电磁场技术开启、替换锁具的柜外部件等试验，判定结果是否符合防盗保险柜电子锁防技术开启的要求。

记录：锁具是否自行开启。

c. 检验规则。

序号	项 目	技术要求	试验方法	不合格分类	型式检验	出厂检验			
						A	B	C	D
26	防盗保险柜电子锁防技术开启检验	5.3.3.3	6.3.3.3	A	√	—	—	—	√

（4）振动试验技术点。

a. 技术要求。

【条文】5.3.3.4 对锁具任意方向施加频率为 10Hz～35Hz、振幅为 0.254mm、跳频间隔为 5Hz 的扫描振动，在共振频率点振动 15min，如无共振点时则在 35Hz 处振动 4h，振动过程中锁具不得自行开启。

b. 试验方法。

【条文】6.3.3.4 振动试验

按照 5.3.3.4 的要求进行振动试验，判定结果是否符合 5.3.3.4 的要求。

【条文说明】

检测用仪器及设备：振动测试台。

试验方法：按照防盗保险柜电子锁执行机构的要求进行振动试验，判定结果是否符合防盗保险柜电子锁振动试验的要求。

记录：锁具是否自行开启。

c. 检验规则。

序号	项 目	技术要求	试验方法	不合格分类	型式检验	出厂检验			
						A	B	C	D
27	防盗保险柜电子锁振动试验	5.3.3.4	6.3.3.4	A	√	—	—	—	√

（5）开锁和控制方式检验技术点。

a. 技术要求。

【条文】5.3.3.5 锁具的所有开锁方式和控制方式，以及动态密钥的有效时间和可使用次数，应在说明书中予以明示，不应有说明书声明外的开启方式和控制方式。

b. 试验方法。

【条文】6.3.3.5 开锁和控制方式检验

检查设计文件，与产品说明书进行对比，判定结果是否符合 5.3.3.5 的要求。

【条文说明】

检测用仪器及设备：人工。

试验方法：检查设计文件，与产品说明书进行对比，判定结果是否符合防盗保险柜电子锁开锁方式和控制方式的要求。

记录：检查设计文件，与产品说明书进行对比。

c. 检验规则。

序号	项　目	技术要求	试验方法	不合格分类	型式检验	出厂检验			
						A	B	C	D
28	防盗保险柜电子锁开锁和控制方式检验	5.3.3.5	6.3.3.5	C	√	—	—	—	√

（6）密钥量检验技术点。

a. 技术要求。

【条文】5.3.3.6 密钥量应大于或等于 10^6。钥匙组数大于或等于 10 组的电子密码锁，密钥量应大于或等于钥匙组数 $\times 10^5$。

b. 试验方法。

【条文】6.3.3.6 密钥量检验

按使用说明书检查密码量，对样品进行操作验证，判定结果是否符合 5.3.3.6 的要求。

【条文说明】

检测用仪器及设备：人工。

试验方法：按使用说明书检查密码量，对样品进行操作验证，判定结果是否符合防盗保险柜电子锁密钥量检验的要求。

记录：防盗保险柜电子锁密钥量。

c. 检验规则。

序号	项 目	技术要求	试验方法	不合格分类	型式检验	出厂检验 A	B	C	D
29	防盗保险柜电子锁密钥量检验	5.3.3.6	6.3.3.6	A	√	—	—	—	√

（7）密钥修改检验技术点。

a. 技术要求。

【条文】5.3.3.7 防盗保险柜电子锁的密钥修改应只能在开启状态下或使用有效钥匙后进行。

b. 试验方法。

【条文】6.3.3.7 密钥修改检验

按使用说明书检查设置密码前是否要求用户输入密码进行身份鉴别，对样品进行操作验证，判定结果是否符合 5.3.3.7 的要求。

【条文说明】

检测用仪器及设备：人工。

试验方法：按使用说明书检查设置密码前是否要求用户输入密码进行身份鉴别，对样品进行操作验证，判定结果是否符合防盗保险柜电子锁密钥修改的要求。

记录：防盗保险柜电子锁密钥修改是否只能在开启状态下或使用有效钥匙后进行。

c. 检验规则。

序号	项 目	技术要求	试验方法	不合格分类	型式检验	出厂检验 A	B	C	D
30	防盗保险柜电子锁密钥修改检验	5.3.3.7	6.3.3.7	B	√	—	—	√	—

（8）错误锁定检验技术点。

a. 技术要求。

【条文】5.3.3.8 防盗保险柜电子锁在用户连续输入少于或等于 5 次错误密钥后应锁定大于或等于 3min。

b. 试验方法。

【条文】6.3.3.8 错误锁定检验

按照 5.3.3.8 的要求输入错误密码后，检查锁具是否锁定及锁定时间，判定结果是否符合 5.3.3.8 的要求。

【条文说明】

检测用仪器及设备：电子秒表。

试验方法：按照防盗保险柜电子锁错误锁定的要求输入错误密码后，检查锁具是否锁定及锁定时间，判定结果是否符合防盗保险柜电子锁错误锁定的要求。

记录：防盗保险柜电子锁错误锁定后的锁定时间。

c. 检验规则。

序号	项　目	技术要求	试验方法	不合格分类	型式检验	出厂检验			
						A	B	C	D
31	防盗保险柜电子锁错误锁定检验	5.3.3.8	6.3.3.8	C	√	—	√	—	—

（9）密钥保存检验技术点。

a. 技术要求。

【条文】5.3.3.9 非机械钥匙的密钥不应以目视方式被读取，密钥在钥匙中应非明文存储，防止非授权获取。

b. 试验方法。

【条文】6.3.3.9 密钥保存检验

检查非机械钥匙和检查设计文件，判定结果是否符合 5.3.3.9 的要求。

【条文说明】

检测用仪器及设备：人工。

试验方法：检查非机械钥匙和设计文件，判定结果是否符合防盗保险柜电子锁密钥错误保存检验的要求。

记录：非机械钥匙的密钥是否能以目视方式被读取，密钥在钥匙中是否以非明文存储。

c. 检验规则。

序号	项　目	技术要求	试验方法	不合格分类	型式检验	出厂检验			
						A	B	C	D
32	防盗保险柜电子锁密钥保存检验	5.3.3.9	6.3.3.9	C	√	—	—	√	—

（10）开启模式检验技术点。

a. 技术要求。

【条文】5.3.3.10 应不能使用生物钥匙或远程方式独立开启锁具，同时应使用数字密钥进行身份鉴别。

b. 试验方法。

【条文】6.3.3.10 开启模式检验

使用生物钥匙或远程方式开启锁具，判定结果是否符合5.3.3.10的要求。

【条文说明】

检测用仪器及设备：人工。

试验方法：使用生物钥匙或远程方式开启锁具，判定结果是否符合防盗保险柜电子锁开启模式检验的要求。

记录：是否符合防盗保险柜电子锁开启模式检验的要求。

c. 检验规则。

序号	项　目	技术要求	试验方法	不合格分类	型式检验	出厂检验			
						A	B	C	D
33	防盗保险柜电子锁开启模式检验	5.3.3.10	6.3.3.10	B	√	—	—	√	—

（11）其余技术要求检验技术点。

a. 技术要求。

【条文】5.3.3.11 信息保存、误识率、环境适应性、抗干扰、安全性、稳定性等技术要求应符合 GA 374-2001 的 B 级有关要求。

b. 试验方法。

【条文】6.3.3.11 其余技术要求检验

按照 GA 374-2001 的相关试验方法，对锁具进行如下试验，判定结果是否符合 5.3.3.11 的要求：

　　——防盗保险柜电子锁的信息保存试验，按 GA 374-2001 中 6.3 进行。

　　——防盗保险柜电子锁的误识率试验，按 GA 374-2001 中 6.4 进行。

　　——防盗保险柜电子锁的环境适应性试验，按 GA 374-2001 中 6.6 进行。

　　——防盗保险柜电子锁的抗干扰性试验，按 GA 374-2001 中 6.7 进行。

　　——防盗保险柜电子锁的安全性试验，按 GA 374-2001 中 6.8 进行。

　　——防盗保险柜电子锁的稳定性试验，按 GA 374-2001 中 6.9 进行。

【条文说明】

　　检测用仪器及设备：微波暗室及发射天线等测试附件、安全性能综合测试系统、电子秒表、盐雾试验箱、环境试验箱。

　　试验方法：

　　防盗保险柜电子锁的信息保存试验，按 GA 374-2001 中信息保存要求试验进行。

　　防盗保险柜电子锁的误识率试验，按 GA 374-2001 中误识率试验进行。

　　防盗保险柜电子锁的环境适应性试验，按 GA 374-2001 中环境适应性试验进行。

　　防盗保险柜电子锁的抗干扰性试验，按 GA 374-2001 中抗干扰性试验进行。

　　防盗保险柜电子锁的安全性试验，按 GA 374-2001 中安全性试验进行。

　　防盗保险柜电子锁的稳定性试验，按 GA 374-2001 中稳定性试验进行。

　　记录：防盗保险柜电子锁其余技术检验后锁具的功能是否符合要求。

　　判据：确定是否符合以上条款要求。

　　c. 检验规则。

序号	项　目	技术要求	试验方法	不合格分类	型式检验	出厂检验 A	B	C	D
34	防盗保险柜电子锁其余技术要求检验	5.3.3.11	6.3.3.11	B	√	—	—	—	√

（四）电源检验

1. 电源电压适应性试验技术点

（1）技术要求。

【条文】5.4.1电源的功率、能耗以及环境适应性与安全性要求，应满足相应的产品技术要求，主电源的电压在85%～115%变化范围内应能正常工作。

【条文】5.4.3使用交流220V的主电源时，应有备用电源。在主电源停止供电时，应能自动转换到备用电源，并能正常工作，在主电源恢复供电时，应能自动恢复主电源工作，转换过程中不应产生误动作。

（2）试验方法。

【条文】6.4.1电源电压适应性试验

用精度0.5级、量程1.5倍于电源电压的电压表和精度0.5级、量程1.5倍于额定电流值的电流表监测，电源接上负载（或模拟负载），分别在额定电源电压的85%（交流）、90%（直流）、100%、110%和115%时进行试验，检查防盗保险柜的功能，判定结果是否符合5.4.1和5.4.3的要求。

【条文说明】

检测用仪器及设备：电流表、电压表。

试验方法：用精度0.5级、量程1.5倍于电源电压的电压表和精度0.5级、量程1.5倍于额定电流值的电流表监测，电源接上负载（或模拟负载），分别在额定电源电压的85%（交流）、90%（直流）、100%、110%和115%时进行试验，检查防盗保险柜的功能，判定结果是否符合电源电压适应性试验和备用电源试验的要求。

记录：防盗保险柜经过电源电压适应性试验后保险柜的功能是否符合电源电压适应性试验和备用电源试验的要求。

（3）检验规则。

序号	项目	技术要求	试验方法	不合格分类	型式检验	出厂检验			
						A	B	C	D
35	电源电压适应性试验	5.4.1, 5.4.3	6.4.1	B	√	—	—	√	—

2. 欠压告警试验技术点

（1）技术要求。

【条文】5.4.2防盗保险柜应使用36V以下的直流电压，在电源电压降至规定的告警电压时应能发出欠压告警。在欠压告警后，电源应仍能满足 36h 或 200 次的正常操作。

（2）试验方法。

【条文】6.4.2 欠压告警试验

直流电源接上负载（或模拟负载），用精度 0.5 级、量程 1.5 倍于额定电压值的电压表监测，当电源电压降至规定的告警电压时，检查是否发出欠压指示，判定结果是否符合 5.4.2 的要求。

【条文说明】

检测用仪器及设备：电压表。

试验方法：直流电源接上负载（或模拟负载），用精度 0.5 级、量程 1.5 倍于额定电压值的电压表监测，当电源电压降至规定的告警电压时，检查是否发出欠压指示，判定结果是否符合欠压告警试验的要求。

记录：当电源电压降至规定的告警电压时，检查是否发出欠压指示。

（3）检验规则。

序号	项 目	技术要求	试验方法	不合格分类	型式检验	出厂检验			
						A	B	C	D
36	欠压告警试验	5.4.2	6.4.2	C	√	—	—	√	—

3. 备用电源试验技术点

（1）技术要求。

【条文】5.4.3 使用交流 220V 的主电源时，应有备用电源。在主电源停止供电时，应能自动转换到备用电源，并能正常工作，在主电源恢复供电时，应能自动恢复主电源工作，转换过程中不应产生误动作。

（2）试验方法。

【条文】6.4.3 备用电源试验

电源接上负载（或模拟负载），在主电源正常工作状态中切断主电源，由备用电源单独供电，检查防盗保险柜的正常状态，然后做主电源接通试验，检查防盗保险柜的工作状态，判定结果是否符合 5.4.3 的要求。

【条文说明】

检测用仪器及设备：人工。

试验方法：电源接上负载（或模拟负载），在主电源正常工作状态中切断主电源，由备用电源单独供电，检查防盗保险柜的工作状态，然后做主电源接通试验，检查防盗保险柜的工作状态，判定结果是否符合备用电源试验的要求。

记录：备用电源试验是否满足要求。

（3）检验规则。

序号	项　　目	技术要求	试验方法	不合格分类	型式检验	出厂检验			
						A	B	C	D
37	备用电源试验	5.4.3	6.4.3	B	√	√	—	—	√

4. 电源过流保护试验技术点

（1）技术要求。

【条文】5.4.4 供电部分应有过流保护装置。

（2）试验方法。

【条文】6.4.4 电源过流保护试验

检查电源电路应装有断路器或保险丝，其额定电流应与最大工作电流相适应；对不要求区分极性的接线柱与相邻接线柱短路或引线成对反接并保持 60s±2s，检查电路损坏情况，判定结果是否符合 5.4.4 的要求。

【条文说明】

检测用仪器及设备：电流表、电子秒表。

试验方法：检查电源电路是否装有断路器或保险丝，其额定电流应与最大工作电流相适应；对不要求区分极性的接线柱与相邻接线柱短路或引线成对反接并保持 60s±2s，检查电路损坏情况，判定结果是否符合电源过流保护试验的要求。

记录：供电部分是否有过流保护装置。

（3）检验规则。

序号	项　　目	技术要求	试验方法	不合格分类	型式检验	出厂检验			
						A	B	C	D
38	电源过流保护试验	5.4.4	6.4.4	B	√	—	√	—	—

5. 电源绝缘电阻试验技术点

（1）技术要求。

【条文】5.4.5 电源插头或电源引入端子与外壳或外壳裸露金属部件之间的绝缘电阻在正常大气条件下应大于或等于 100MΩ。

表3　额定电压与试验电压（GB 10409-2019中为表3）

额定电压 V		试验电压 kV
直流或正弦交流有效值	交流峰值或合成电压	
0~60	0~85	0.5
61~131	86~184	1.0
132~250	185~354	1.5

（2）试验方法。

【条文】6.4.5电源绝缘电阻试验

用500V精度1.0级的绝缘电阻测试仪表，测量保险柜样品的电插头或电源引入端与外壳或外壳裸露金属部件之间的绝缘电阻。受试样品的电源开关处在接通位置，但电源插头不接入电网，施加试验电压稳定5s后，读取绝缘电阻值，检查样品的工作状态，判定结果是否符合5.4.5的要求。

【条文说明】

检测用仪器及设备：绝缘电阻测试仪表。

试验方法：用500V精度1.0级的绝缘电阻测试仪表，测量保险柜样品的电插头或电源引入端与外壳或外壳裸露金属部件之间的绝缘电阻。受试样品的电源开关处在接通位置，但电源插头不接入电网。施加试验电压稳定5s后，读取绝缘电阻值，检查样品的工作状态，判定结果是否符合电源绝缘电阻试验的要求。

记录：电源插头或电源引入端与外壳或外壳裸露金属部件之间的绝缘电阻值。

（3）检验规则。

序号	项　目	技术要求	试验方法	不合格分类	型式检验	出厂检验			
						A	B	C	D
39	电源绝缘电阻试验	5.4.5	6.4.5	A	√	—	—	√	—

6. 电源抗电强度试验技术点

（1）技术要求。

【条文】5.4.6电源插头或电源引入端子与外壳或外壳裸露金属部件之间应能承受表3规定的50Hz交流电压的抗电强度试验，历时1min应无击穿和飞弧现象。

（2）试验方法。

【条文】6.4.6 电源抗电强度试验

在保险柜样品的电源插头或电源引入端与外壳或外壳裸露金属部件之间，用功率大于或等于 500VA，50Hz 可调电源馈给试验电压，试验电压以 200V/min 速率升至 5.4.7 中表 3 的规定值并保持 1min，检查保险柜的工作状态，判定结果是否符合 5.4.6 的要求。

【条文说明】

检测用仪器及设备：安全性能综合测试系统。

试验方法：在保险柜样品的电源插头或电源引入端与外壳或外壳裸露金属部件之间，用功率大于或等于 500VA，50Hz 可调电源馈给试验电压，试验电压以 200V/min 速率升至应急电源接口检验中表 3 的规定值并保持 1min。检查保险柜的工作状态，判定结果是否符合电源抗电强度试验的要求。

记录：是否出现击穿和飞弧现象。

（3）检验规则。

序号	项　目	技术要求	试验方法	不合格分类	型式检验	出厂检验			
						A	B	C	D
40	电源抗电强度试验	5.4.6	6.4.6	A	√	—	√	—	—

7. 应急电源接口检验技术点

（1）技术要求。

【条文】5.4.7 内部电池作为主电源时，应具有外部应急电源接口。

（2）试验方法。

【条文】6.4.7 应急电源接口检验

断开内部电池供电，使用外部应急电源接口供电，正常开启防盗保险柜，判定结果是否符合 5.4.7 的要求。

【条文说明】

检测用仪器及设备：人工。

试验方法：断开内部电池供电，使用外部应急电源接口供电，正常开启防盗保险柜，判定结果是否符合应急电源接口检验的要求。

记录：是否具有外部应急电源接口。

判据：确定是否符合以上条款要求。

（3）检验规则。

序号	项　目	技术要求	试验方法	不合格分类	型式检验	出厂检验			
						A	B	C	D
41	应急电源接口检验	5.4.7	6.4.7	B	√	—	—	—	√

（五）抗破坏试验

1. 试验准备

由两名具有熟练操作技能、了解防盗保险柜结构的试验人员组成试验小组。试验小组应根据产品图纸和对样品的实际观察和对结构的分析、研究，找出薄弱环节，制定试验方案。

2. 进入方式

（1）防盗保险柜进入方式技术点。

a. 技术要求。

【条文】5.5.1 对于高度小于或等于450mm的防盗保险柜经3m自由跌落试验后，使用普通手工工具进行破坏，打开门扇的净工作时间应大于或等于10min。

【条文】5.5.2 其他抗破坏性能应符合4.1的分类分级要求。

b. 试验方法。

【条文】6.5.2.1 防盗保险柜进入方式

对于高度小于或等于450mm的防盗保险柜应先进行自由跌落试验，从3m高度对样品进行1次自由跌落到水泥地面，跌落后使用普通手工工具进行6.5.3.1中规定的破坏，判定打开柜门或进入的净工作时间是否符合5.5.1的要求。

然后按各类防盗保险柜在表4中对应安全级别规定的破坏工具和净工作时间，按照6.5.3规定的破坏方法对样品进行攻击，未能打开柜门或进入，判定样品的抗破坏性能是否符合5.5.2的要求。

表 4　防盗保险柜的进入方式（GB 10409-2019 中为表 4）

安全级别	进入方式	破坏工具
A10	在柜门、柜体上造成 38cm² 开口的净工作时间大于或等于 10min	普通手工工具、便携式电动工具、磨头
A15×1	在柜门上造成 38cm² 开口的净工作时间大于或等于 15min，柜体符合 A10 级别的抗破坏性能要求	普通手工工具、便携式电动工具、磨头
A15	在柜门、柜体上造成 38cm² 开口的净工作时间大于或等于 15min	
A30×1	在柜门上造成 38cm² 开口的净工作时间大于或等于 30min，柜体符合 A15 级别的抗破坏性能要求	柜体：普通手工工具、便携式电动工具、磨头；柜门面的破坏工具在柜体的破坏工具基础上增加专用便携式电动工具
A30	在柜门、柜体上造成 38cm² 开口的净工作时间大于或等于 30min	普通手工工具、便携式电动工具、磨头、专用便携式电动工具
B15	在柜门、柜体上造成 13cm² 开口的净工作时间大于或等于 15min	普通手工工具、便携式电动工具、磨头、专用便携式电动工具、割炬
B30×1	在柜门上造成 13cm² 开口的净工作时间大于或等于 30min，柜体符合 A15 级别的抗破坏性能要求	
B30	在柜门、柜体上造成 13cm² 开口的净工作时间大于或等于 30min	
B60	在柜门、柜体上造成 13cm² 开口的净工作时间大于或等于 60min	
B90	在柜门、柜体上造成 13cm² 开口的净工作时间大于或等于 90min	
C60	在柜门、柜体上造成 13cm² 开口的净工作时间大于或等于 60min	普通手工工具、便携式电动工具、磨头、专用便携式电动工具、割炬、爆炸物
C90	在柜门、柜体上造成 13cm² 开口的净工作时间大于或等于 90min	

【条文说明】

检测用仪器及设备：电子秒表、各级别对应使用的破坏工具、钢卷尺、钢直尺、游标卡尺、超声波测厚仪。

c. 检验规则

序号	项　目	技术要求	试验方法	不合格分类	型式检验	出厂检验			
						A	B	C	D
42	防盗保险柜抗破坏试验	4.1, 5.5	6.5.2.1	A	√	—	—	—	√

（2）自动柜员机防盗保险柜进入方式技术点。

a. 技术要求。

【条文】5.5.1 对于高度小于或等于 450mm 的防盗保险柜经 3m 自由跌落试验后，使用普通手工工具进行破坏，打开门扇的净工作时间应大于或等于 10min。

【条文】5.5.2 其他抗破坏性能应符合 4.1 的分类分级要求。

b. 试验方法。

【条文】6.5.2.2 自动柜员机防盗保险柜进入方式

自动柜员机防盗保险柜功能性开口经过对应安全级别规定的时间和工具破坏试验后应不能通过测试体，其他部分进入方式及抗破坏性能应符合 6.5.2.1 的要求。

【条文说明】

检测用仪器及设备：电子秒表、各级别对应使用的破坏工具、钢卷尺、钢直尺、游标卡尺、超声波测厚仪。

试验方法：自动柜员机防盗保险柜功能性开口经过对应安全级别规定的时间和工具破坏试验后应不能通过测试体，其他部分进入方式及抗破坏性能应符合防盗保险柜的进入方式的要求。

记录：自动柜员机防盗保险柜的防破坏时间。

c. 检验规则。

序号	项　目	技术要求	试验方法	不合格分类	型式检验	出厂检验			
						A	B	C	D
43	自动柜员机防盗保险柜抗破坏试验	4.1, 5.5	6.5.2.2	A	√	—	—	—	√

（3）组装式防盗保险柜进入方式技术点。

a. 技术要求。

【条文】5.5.1 对于高度小于或等于 450mm 的防盗保险柜经 3m 自由跌落试验后，使用普通手工工具进行破坏，打开门扇的净工作时间应大于或等于 10min。

【条文】5.5.2 其他抗破坏性能应符合 4.1 的分类分级要求。

【条文】5.7.2 组装式防盗保险柜的连接部分的抗破坏性能应高于或等于柜体本身的要求。

b. 试验方法。

【条文】6.5.2.3 组装式防盗保险柜进入方式

组装式防盗保险柜的柜体和连接部分进入方式及抗破坏性能均应符合 6.5.2.1 的要求。

【条文说明】

检测用仪器及设备：电子秒表、各级别对应使用的破坏工具、钢卷尺、钢直尺、游标卡尺、超声波测厚仪。

试验方法：组装式防盗保险柜的柜体和连接部分进入方式及抗破坏性能均应符合防盗保险柜的进入方式的要求。

记录：组装式防盗保险柜的防破坏时间。

c. 检验规则。

序号	项　目	技术要求	试验方法	不合格分类	型式检验	出厂检验			
						A	B	C	D
44	组装式防盗保险柜抗破坏试验	4.1, 5.5, 5.7.2	6.5.2.3	A	√	—	—	—	√

（4）投入式防盗保险柜进入方式技术点。

a. 技术要求。

【条文】5.5.1 对于高度小于或等于 450mm 的防盗保险柜经 3m 自由跌落试验后，使用普通手工工具进行破坏，打开门扇的净工作时间应大于或等于 10min。

【条文】5.5.2 其他抗破坏性能应符合 4.1 的分类分级要求。

b. 试验方法。

【条文】6.5.2.4 投入式防盗保险柜进入方式

投入式防盗保险柜的柜体和开口进入方式及抗破坏性能均应符合 6.5.2.1 的要求，且破坏试验中不能从开口钩、夹、粘取内部物品。

【条文说明】

检测用仪器及设备：电子秒表、各级别对应使用的破坏工具、钢卷尺、钢直尺、游标卡尺、超声波测厚仪。

试验方法：投入式防盗保险柜的柜体和开口进入方式及抗破坏性能均应符合防盗保险柜的进入方式的要求，且破坏试验中不能从开口钩、夹、粘取内部物品。

记录：投入式防盗保险柜防破坏的结果和时间。

判据：确定是否符合以上条款要求。

c. 检验规则。

序号	项　目	技术要求	试验方法	不合格分类	型式检验	出厂检验			
						A	B	C	D
45	投入式防盗保险柜抗破坏试验	4.1, 5.5	6.5.2.4	A	√	—	—	—	√

3. 破坏方法

（1）常规破坏。

试验小组按表 4 规定的各类防盗保险柜允许使用的工具，对样品进行下列一种或全部破坏方法的试验：

在柜门上开孔，打到锁盒、锁舌、承载杆或机构的其他关键部位，再用拨、戳、撬、冲及探出密码等方法，使闭锁机构失效，打开柜门。

敲击密码盘、锁头，钻、冲锁轴或锁芯等，然后用撬拨工具松开闭锁机构，打开柜门。

破坏柜外器件或在柜门、柜体上打孔，触及电路关键部位，用更改密码或使密码失效等方法打开柜门；或施加外电源，使控制电路失效或产生误动作，打开柜门。

使用合适的扳手、钳子、撬棒及套筒、套管，对门栓控制手把施加压力，使门栓退缩，打开柜门。

用凿子、楔块、大锤打击门隙、扩大门隙。用撬棒、楔块、凿子等撬打柜门，破坏门体、门栓、铰链，打开柜门。

在门栓对应的门框侧面打孔，使冲杆能冲及门栓，打击门栓，使门栓退出锁闭位置，再撬开柜门。

在柜体表面，用各类防盗保险柜规定的工具，錾切、钻排孔，锯、磨及撬扒、锤击等方法，打开大于规定形状和面积的通孔。

（2）割炬破坏。

B 和 C 类防盗保险柜的抗破坏试验，可以使用割炬，每次试验使用的氧气和燃气的总量应限制在 28m³ 以内。

（3）爆炸物破坏。

C 类防盗保险柜使用爆炸物进行抗破坏试验时，进行爆炸试验不能在使用割炬和其他规定工具进行破坏的样品上进行，应另外准备一个新的样品使用爆炸物进行试验，每次试验使用总量应小于或等于 227g 当量的爆炸物分两次进行，试验爆炸物一次填充量应小于或等于 113g，爆炸试验前允许在柜体上开孔以安放爆炸物，开孔时间应小于或等于本级别规定时间的 20%。

（4）破坏方法组合。

抗破坏试验方式并非限于上述方式，试验小组可选择其他方式，对薄弱部位，包括安装附加装置的部位进行攻击。并允许在执行一个破坏方案后，选择第二次方案。

（六）自动柜员机防盗保险柜附加要求检验

1. 自动柜员机防盗保险柜重锁装置检验技术点

（1）技术要求。

【条文】5.6.1 自动柜员机防盗保险柜应设置重锁装置，重锁方向大于或等于 2 个。当锁具及门栓机构受到攻击，在保护失效前，重锁装置应能启动。

（2）试验方法。

【条文】6.6.1 检查自动柜员机防盗保险柜的重锁装置的设置，结合抗破坏性能试验，判定结果是否符合 5.6.1 的要求。

【条文说明】

检测用仪器及设备：人工。

试验方法：检查自动柜员机防盗保险柜的重锁装置的设置，结合抗破坏性能试验，判定结果是否符合自动柜员机防盗保险柜重锁装置检验的要求。

记录：自动柜员机防盗保险柜重锁方向。无判据。

（3）检验规则。

序号	项　　目	技术要求	试验方法	不合格分类	型式检验	出厂检验			
						A	B	C	D
46	自动柜员机防盗保险柜重锁装置检验	5.6.1	6.6.1	A	√	√	—	—	√

2. 自动柜员机防盗保险柜门栓机构盖板检验技术点

（1）技术要求。

【条文】5.6.2 自动柜员机防盗保险柜门栓机构应有防护措施，门开启时应不能窥视和触及锁具及门栓机构。

（2）试验方法。

【条文】6.6.2 检查自动柜员机防盗保险柜的门栓机构盖板，判定结果是否符合 5.6.2 的要求。

【条文说明】

检测用仪器及设备：人工。

试验方法：检查自动柜员机防盗保险柜的门栓机构盖板，判定结果是否符合自动柜员机防盗保险柜门栓机构盖板检验的要求。

记录：自动柜员机防盗保险柜门栓机构是否有防护措施。

（3）检验规则。

序号	项　　目	技术要求	试验方法	不合格分类	型式检验	出厂检验			
						A	B	C	D
47	自动柜员机防盗保险柜门栓机构盖板检验	5.6.2	6.6.2	C	√	√	—	√	—

3. 自动柜员机防盗保险柜功能性开口进入检验技术点

（1）技术要求。

【条文】5.6.3 功能性开口应不能被测试体通过，该部位的抗破坏性能不应低于柜体本身对应安全级别的要求。

（2）试验方法。

【条文】6.6.3 使用测试体在自动柜员机防盗保险柜的功能性开口上进行进入试验，任意一测试体能否通过其中任意一个功能开口，对于结构符合要求的开口，其抗破坏性能试验见6.5.2.2，判定结果是否符合5.6.3的要求。

【条文说明】

检测用仪器及设备：人工。

试验方法：使用测试体在自动柜员机防盗保险柜的功能性开口上进行进入试验，试验任意一测试体能否通过其中任意一个功能开口，对于结构符合要求的开口，其抗破坏性能试验见自动柜员机防盗保险柜进入方式，判定结果是否符合自动柜员机防盗保险柜功能性开口进入检验的要求。

记录：自动柜员机防盗保险柜功能性开口部位的抗破坏性能级别。

（3）检验规则。

序号	项　目	技术要求	试验方法	不合格分类	型式检验	出厂检验			
						A	B	C	D
48	自动柜员机防盗保险柜功能性开口进入检验	5.6.3	6.6.3	A	√	—	—	√	—

4. 自动柜员机防盗保险柜开孔封堵检验技术点

（1）技术要求。

【条文】5.6.4 所有未使用的功能性开口应采取堵塞措施，且从外侧不能拆除堵塞件。

（2）试验方法。

【条文】6.6.4 检查自动柜员机防盗保险柜上未使用的开孔的封堵措施，尝试从外侧拆除堵塞件，判定结果是否符合5.6.4的要求。

【条文说明】

检测用仪器及设备：人工。

试验方法：检查自动柜员机防盗保险柜上未使用的开孔的封堵措施，尝试从外侧拆除堵塞件，判定结果是否符合自动柜员机防盗保险柜开孔封堵检验的要求。

记录：所有未使用的功能性开口是否有采取堵塞措施，且从外侧能不能拆除堵塞件。

（3）检验规则。

序号	项　目	技术要求	试验方法	不合格分类	型式检验	出厂检验			
						A	B	C	D
49	自动柜员机防盗保险柜开孔封堵检验	5.6.4	6.6.4	B	√	—	—	√	—

5. 自动柜员机防盗保险柜功能孔检验技术点

（1）技术要求。

【条文】5.6.5 产品图纸应注明功能性开口名称，如导线孔、现钞出口、存钞入口和报警装置孔等。

（2）试验方法。

【条文】6.6.5 按照随机产品图纸，测定每一个功能孔的位置与尺寸偏差，判定结果是否符合5.6.5的要求。

【条文说明】

检测用仪器及设备：钢直尺、游标卡尺、钢卷尺。

试验方法：按照随机产品图纸，测定每一个功能孔的位置与尺寸偏差，判定结果是否符合自动柜员机防盗保险柜功能孔检验的要求。

记录：每一个功能孔的位置与尺寸偏差。

判据：确定是否符合上述条款要求。

（3）检验规则。

序号	项　目	技术要求	试验方法	不合格分类	型式检验	出厂检验			
						A	B	C	D
50	自动柜员机防盗保险柜功能孔检验	5.6.5	6.6.5	C	√	—	√	—	—

（七）组装式防盗保险柜附加要求检验

1. 技术要求

【条文】5.7.1 组装完成后应成为一个整体，应无可分离的部件；在不破坏柜体情况下，应不能从外部拆卸。

【条文】5.7.2 组装式防盗保险柜的连接部分的抗破坏性能应高于或等于柜体本身的要求。

2. 试验方法

【条文】6.7.1 对照组装式防盗保险柜的图纸，检查产品的结构，判定结果是否符合 5.7.1 的要求。

【条文】6.7.2 抗破坏性能试验见 6.5.2.3，判定结果是否符合 5.7.2 的要求。

【条文说明】

检测用仪器及设备：电子秒表、各级别对应使用的破坏工具、钢卷尺、钢直尺、游标卡尺、超声波测厚仪。

试验方法：对照组装式防盗保险柜的图纸，检查产品的结构，判定结果是否符合组装式防盗保险柜检查的要求；抗破坏性能试验见组装式防盗保险柜进入方式。

记录：对照图纸、产品结构和组装式防盗保险柜的连接部分的抗破坏性能是否符合要求。

判据：确定是否符合以上条款要求。

3. 检验规则

序号	项 目	技术要求	试验方法	不合格分类	型式检验	出厂检验			
						A	B	C	D
51	组装式防盗保险柜检查	5.7.1	6.7.1	A	√	—	√	—	—

（八）投入式防盗保险柜附加要求检验

1. 技术要求

【条文】5.8 投入式防盗保险柜附加要求

投入式防盗保险柜的开口应有保护措施，应不能直接从开口处钩、夹、粘取内部物品，保护部分的抗破坏性能不应低于柜体本身的抗破坏性能。

2. 试验方法

【条文】6.8 投入式防盗保险柜附加要求检验

对照图纸，检查产品开口部位的结构，并在柜内装散装有 100 元钞票尺寸相同的点钞钞票 10 张，用规定的工具进行钩、夹、粘试验，在相应级别的规定时间内应不能取到钞票；同时，抗破坏性能试验见 6.5.2.4，判定结果是否符合 5.8 的要求。

【条文说明】

检测用仪器及设备：电子秒表、各级别对应使用的破坏工具、钢卷尺、钢直尺、游标卡尺、超声波测厚仪。

试验方法：对照图纸，检查产品开口部位的结构，并在柜内装散装有 100 元钞票尺寸相同的点钞钞票 10 张，用规定的工具进行钩、夹、粘试验，在相应级别的规定时间内应不能取到钞票；同时，抗破坏性能试验见投入式防盗保险柜进入方式，判定结果是否符合投入式防盗保险柜附加要求。

记录：用规定的工具进行钩、夹、粘取到钞票的时间。

判据：确定是否符合以上条款要求。

3. 检验规则

序号	项　目	技术要求	试验方法	不合格分类	型式检验	出厂检验			
						A	B	C	D
52	投入式防盗保险柜检查	5.8	6.8	A	√	—	—	—	√

第七章　检验规则

一、内容简介

本章对防盗保险柜的型式检验、出厂检验、检验项目、判定规则作出了详细说明。

二、条文及条文说明

1. 型式检验

【条文】7.1.1 型式检验抽样按 GB/T 2828.1-2012 中有关规定执行。

【条文说明】GB/T 2828.1-2012 中相关原文为：

---

8 样本的抽取

8.1 应按简单随机抽样从批中抽取作为样本中的单位产品。但是，当批由子批或（按某个合理的准则识别的）层组成时，应使用按比例配置的分层抽样，在此情形下，各子批或各层的样本量与其大小成比例。

8.2 样本可在批生产出来以后或在批生产期间抽取。两种情形均应按 8.1 抽取样本。

8.3 使用二次或多次抽样时，每个后继的样本应从同一批的剩余部分中抽取。

【条文】7.1.2 型式检验为全项检验，检验项目按表5。

【条文】7.1.3 产品有下列情况之一时，应进行型式检验：

a）新产品的试制定型鉴定。

b）产品的设计、工艺、生产设备、管理等方面有较大的改变（包括人员素质的较大改变）而可能影响产品的使用性能。

c）产品达到一定数量后的周期性试验。

d）出厂检验结果与上次型式检验有较大差异。

e）国家质量技术监督机构提出的检验要求。

【条文】7.1.4 型式检验中应由生产厂制造试验样件。试验样件应按与产品的整体或部件相同的工艺制作，并有同等的功能。

【条文】7.1.5 型式检验可在由同样材料、元件、工艺制作的、仅外形尺寸不同的系列产品中，选取最薄弱的规格产品进行抽样。

2. 出厂检验

【条文】出厂检验分为四类：

a）A 组检验（逐批）：交收产品时，全数检验。

b）B 组检验（逐批）：交收产品时，抽样检验。

c）C 组检验（周期）：半年进行一次。

d）D 组检验（周期）：每年进行一次。

出厂检验只对 B 组检验进行组批抽样。样品在 A 组检验合格品中抽取，抽样数按表 6 规定。C 组和 D 组检验的样品数量，应在 A 组和 B 组检验的合格批中随机抽取 2 台进行检验。

3. 检验项目

【条文】各类检验的检验项目及不合格分类见表 5。

4. 判定规则

【条文】7.4.1 型式检验中出现 A 类不合格；或一项 B 类一项 C 类不合格；或两项以上 C 类不合格，即判定型式检验为不合格。

【条文】7.4.2 出厂检验中出现不合格品，应返修或报废。

【条文】7.4.3 出厂检验 B 组抽样检验中 B 类和 C 类不合格按表 5 判定，不合格品经返修后可重新检验。

【条文】7.4.4 出厂检验中出现 A 类或 B 类不合格，即应停止检验，在相应范围内采取措施，消除不合格因素后，再行检验。

表5　检验项目（GB 10409-2019 中为表5）

序号	项　目	技术要求	试验方法	不合格分类	型式检验	出厂检验 A	B	C	D
1	产品标记	4.2.8	6.1.4	B	√	√	√	√	√
2	防腐措施检查	5.1.1	6.1.1	C	√	—	√	—	—
3	表面质量检查	5.1.2	6.1.2	B	√	√	—	—	—
4	表面镀（涂）层检验	5.1.2, 5.1.3	6.1.3	C	√	—	—	—	√
5	文件检查	5.1.4	6.1.4	C	√	√	√	—	—
6	功能试验	5.1.5	6.1.5	A	√	√	—	—	—
7	尺寸偏差检验	5.1.6	6.1.6	C	√	√	—	—	—
8	锁具配置检验	5.2.1	6.2.1	A	√	√	—	—	—
9	固定件检验	5.2.2	6.2.2	C	√	√	—	—	√
10	隙缝及孔检验	5.2.3	6.2.3	C	√	√	—	—	—
11	附加功能检验	5.2.4	6.2.4	C	√	—	—	—	√
12	防盗保险柜锁锁具抗攻击试验	5.3.1.1	6.3.1.1	A	√	—	—	√	—
13	防盗保险柜锁锁舌行程检验	5.3.1.2	6.3.1.2	B	√	—	—	√	—
14	防盗保险柜锁锁舌压力检验	5.3.1.3	6.3.1.3	A	√	—	—	—	√
15	防盗保险柜锁自由跌落试验	5.3.1.4	6.3.1.4	A	√	—	—	—	√
16	防盗保险柜锁锁具耐久性检验	5.3.1.5	6.3.1.5	A	√	—	—	—	√
17	防盗保险柜锁锁具冲击检验	5.3.1.6	6.3.1.6	A	√	—	—	—	√
18	密码式防盗保险柜机械锁对码误差检验	5.3.2.1	6.3.2.1	B	√	—	—	—	√
19	防盗保险柜机械锁防技术开启试验	5.3.2.2	6.3.2.2	A	√	—	—	—	√

序号	项　　目	技术要求	试验方法	不合格分类	型式检验	出厂检验			
						A	B	C	D
20	密码式防盗保险柜机械锁耐久性检验	5.3.2.3	6.3.2.3	B	√	—	—	—	√
21	密码式防盗保险柜机械锁密钥量检验	5.3.2.4	6.3.2.4	A	√	—	—	—	√
22	防盗保险柜机械锁振动试验	5.3.2.5	6.3.2.5	A	√	—	—	—	√
23	防盗保险柜机械锁其余技术要求检验	5.3.2.6	6.3.2.6	A	√	—	—	—	√
24	防盗保险柜电子锁执行机构检验	5.3.3.1	6.3.3.1	A	√	—	—	—	√
25	防盗保险柜电子锁双向直流高压攻击试验	5.3.3.2	6.3.3.2	A	√	—	—	—	√
26	防盗保险柜电子锁防技术开启检验	5.3.3.3	6.3.3.3	A	√	—	—	—	√
27	防盗保险柜电子锁振动试验	5.3.3.4	6.3.3.4	A	√	—	—	—	√
28	防盗保险柜电子锁开锁和控制方式检验	5.3.3.5	6.3.3.5	C	√	—	—	—	√
29	防盗保险柜电子锁密钥量检验	5.3.3.6	6.3.3.6	A	√	—	—	—	√
30	防盗保险柜电子锁密钥修改检验	5.3.3.7	6.3.3.7	B	√	—	—	√	—
31	防盗保险柜电子锁错误锁定检验	5.3.3.8	6.3.3.8	C	√	—	√	—	—
32	防盗保险柜电子锁密钥保存检验	5.3.3.9	6.3.3.9	C	√	—	—	√	—
33	防盗保险柜电子锁开启模式检验	5.3.3.10	6.3.3.10	B	√	—	—	√	—

序号	项 目	技术要求	试验方法	不合格分类	型式检验	出厂检验			
						A	B	C	D
34	防盗保险柜电子锁其余技术要求检验	5.3.3.11	6.3.3.11	B	√	—	—	—	√
35	电源电压适应性试验	5.4.1, 5.4.3	6.4.1	B	√	—	—	√	—
36	欠压告警试验	5.4.2	6.4.2	C	√	—	—	√	—
37	备用电源试验	5.4.3	6.4.3	B	√	√	—	—	√
38	电源过流保护试验	5.4.4	6.4.4	B	√	—	√	—	—
39	电源绝缘电阻试验	5.4.5	6.4.5	A	√	—	—	√	—
40	电源抗电强度试验	5.4.6	6.4.6	A	√	—	—	√	—
41	应急电源接口检验	5.4.7	6.4.7	B	√	—	—	—	√
42	防盗保险柜抗破坏试验	4.1, 5.5	6.5.2.1	A	√	—	—	—	√
43	自动柜员机防盗保险柜抗破坏试验	4.1, 5.5	6.5.2.2	A	√	—	—	—	√
44	组装式防盗保险柜抗破坏试验	4.1, 5.5, 5.7.2	6.5.2.3	A	√	—	—	—	√
45	投入式防盗保险柜抗破坏试验	4.1, 5.5	6.5.2.4	A	√	—	—	—	√
46	自动柜员机防盗保险柜重锁装置检验	5.6.1	6.6.1	A	√	√	—	—	√
47	自动柜员机防盗保险柜门栓机构盖板检验	5.6.2	6.6.2	C	√	√	—	√	—
48	自动柜员机防盗保险柜功能性开口进入检验	5.6.3	6.6.3	A	√	—	—	√	—
49	自动柜员机防盗保险柜开孔封堵检验	5.6.4	6.6.4	B	√	—	—	√	—
50	自动柜员机防盗保险柜功能孔检验	5.6.5	6.6.5	C	√	—	√	—	—
51	组装式防盗保险柜检查	5.7.1	6.7.1	A	√	—	√	—	—
52	投入式防盗保险柜检查	5.8	6.8	A	√	—	—	—	√

表6 逐批正常检查一次抽样表（GB 10409-2019 中为表6）

批量选用 台	样本大小 台	接收质量限 AQL1.0	
		接收数	拒收数
2~8	2	↓	↓
9~15	3	↓	↓
16~25	5	↓	↓
26~50	8	↓	↓
51~90	13	0	1
91~150	20	↑	↑
151~280	32	↑	↑
281~500	50	1	2

注：↓—使用箭头下面的第一个抽样方案。如果样本量等于或者超过批量，则执行 100%检验。

↑—使用箭头上面的第一个抽象方案。

【条文说明】示例1：一批28台产品，取样本8台。如果出现0个不合格数，则这一批接收；如果出现1个及以上不合格数，则这一批拒收。

示例2：一批120台产品，取样本20台。如果出现0个不合格数，则这一批接收；如果出现1个及以上不合格数，则这一批拒收。

示例3：一批400台产品，取样本50台。如果出现1个及以下不合格数，则这一批接收；如果出现2个及以上不合格数，则这一批拒收。

第八章　标　志

一、内容简介

本章规定了防盗保险柜所必须具备的标志内容，对产品安全级别标识的材质和固定方式作出了规范要求。

二、条文及条文说明

【条文】8.1 产品应有清晰、牢固的标志，标志应至少有以下内容：

a）产品名称；

b）商标（或企业名称）；

c）执行标准；

d）出厂编号及生产日期；

e）符合 4.2 的产品标记；

f）质量及容积；

g）涉及人身安全的应有警示说明。

【条文】8.2 标志用纸、塑料、金属材料制作，应固定在柜内明显位置上。

【条文】8.3 产品应有防盗保险柜产品安全级别标识，使用金属材料制作，用胶黏剂或铆钉固定在柜内明显位置上，样式参见附录 A。

【条文说明】8.1、8.2、8.3

（1）8.1 产品标志是识别产品内容的标识，但不限于上述标识内容，还可显示如生产地、联系方式等内容。

（2）8.2 产品标识规范应符合工商法规相关要求。

（3）8.3 在开启防盗保险柜（箱）时，应有符合规定尺寸要求的安全级别标识，采用金属材料制作，并符合针对标识字号、字体大小的明确要求，应固定于柜体内或门板等容易看到的明显位置。

第九章　包装、运输和贮存

一、内容简介

本章规定了防盗保险柜的包装和存放环境的要求，以保证产品在贮存、运输及搬运过程中的安全。

二、条文及条文说明

1. 包装

【条文】9.1.1 防盗保险柜应至少用衬垫和防尘袋封装。

【条文说明】9.1.1 防盗保险柜外包装必须具备衬垫和防尘袋，但不限于采用木托、木箱等防护措施，以避免产品磕碰和灰尘污染。

【条文】9.1.2 包装箱内应附有产品合格证、安装说明书、使用说明书、附件及装箱单。

【条文说明】9.1.2 包装箱内应附有产品合格证、安装说明书、使用说明书、附件及装箱单，并均应符合工商法规相关要求。针对特殊的产品附件，可以独立包装。

2. 运输和贮存

【条文】9.2.1 包装好的产品应能确保运输中的安全。

【条文说明】9.2.1 包装好的产品应能确保运输中的安全，包括产品在搬运、移动、堆放过程中产品自身安全和人身安全。

【条文】9.2.2 产品应存放在空气干燥且无腐蚀性气体的场所。

【条文说明】9.2.2 存放产品的环境应确保干燥，没有对产品造成腐蚀性的气体，以确保产品在存放期间不受环境腐蚀。

附录 A
（资料性附录）
防盗保险柜产品安全级别标识

【条文】防盗保险柜产品安全级别标识样式见图 A.1（白底黑字），字号
和字体见表 A.1，产品根据其安全级别在对应的安全级别单元格内画"√"。

防盗保险柜产品安全级别标识		
安全级别从低至高排列	本产品级别	类别说明
A10		防盗
A15×1		
A15		
A30×1		
A30		
B15		防盗防割炬
B30×1		
B30		
B60		
B90		
C60		防盗防割炬防爆炸
C90		

60mm · 105mm · 25mm · 20mm

图 A.1　防盗保险柜产品安全级别标识样式

【条文说明】示例1：安全级别为A30×1，则破坏所需的净工作时间为柜门面超过30分钟，其余各面超过15分钟。柜门面能抗普通手工工具、便携式电动工具、磨头、专用便携式电动工具的破坏，其余各面能抗普通手工工具、便携式电动工具、磨头的破坏。

示例2：安全级别为B30×1，则破坏所需的净工作时间为柜门面超过30分钟，其余各面超过15分钟。能抗普通手工工具、便携式电动工具、磨头、专用便携式电动工具、割炬的破坏。

示例3：安全级别为C60，则破坏所需的净工作时间为60分钟。能抗普通手工工具、便携式电动工具、磨头、专用便携式电动工具、割炬、爆炸物的破坏。

表A.1 防盗保险柜产品安全级别标识字号和字体

位置	文字内容	字号和字体
标题	防盗保险柜产品安全级别标识	小四号黑体
表头	从低至高排列	六号宋体加粗
	安全级别、本产品级别、类别说明	五号宋体加粗
表中	安全级别栏单元格	小四号宋体加粗
	本产品级别栏单元格	小四号宋体加粗
	类别说明栏单元格	五号宋体加粗